知って納得！

植物栽培のふしぎ

なぜ、そうなるの？ そうするの？

田中 修・高橋 亘 著

B&Tブックス
日刊工業新聞社

はじめに

私たちは、畑や花壇で野菜や草花を栽培します。その栽培の方法について、ふつうには、深く考えることはありません。でも、「なぜ？」と感じざるを得ないことがあります。

たとえば、前の年に、多くのナスが収穫できた畑に、次の年にもナスを栽培しようとすると、「毎年、同じ野菜を同じ土地に栽培してはいけない」といわれます。すると、「なぜ？」という素朴な疑問が浮かびます。

また、チューリップなどの春咲きの球根は、寒い冬に向かう秋に花壇に植えられます。寒い冬の間、芽が出て成長することはありません。芽が出るのは、春です。「だったら、寒い冬が過ぎてから、球根を植えればいいではないか」との思いが生まれます。

自分が実際に栽培しなくても、身のまわりには多くの植物が栽培されています。それらの植物の栽培方法に「なぜ？」と感じることもあります。

たとえば、春から水がいっぱい与えられた水田で栽培されていたイネが、夏には、ひび割れするほど干上がった田んぼで栽培されています。イネが水の中で栽培されることも不思議ですが、「なぜ、夏の水田は干上がっているのか？」との疑問が生まれます。

また、茶畑に電柱のような棒が多く立っています。その棒の先端には、扇風機のような羽根がついています。「風で電力をおこす風力発電をしているのか」と思われることがあります。あるいは、「暑い日に、茶畑を冷やすためのものか」と考えられたりします。しかし、そうではないのです。それなら、「なぜ?」との疑問が浮かびます。

２０１５年、国際宇宙ステーションから、「レタスが育てられ、それを試食する」という映像が送られてきました。「宇宙で、植物は光合成をできるのか」、「宇宙で、花を咲かせることはできるのか」などの疑問が次々と浮かんできます。

このように、私たちの身のまわりで行われている植物の栽培には、疑問を感じる事象が多くあります。本書は、その中から、野菜や草花、コメやムギ、トウモロコシなどの作物の栽培に感じる「なぜ?」を取り上げました。

本書では、畑や花壇で実践される栽培の技術、田園の風景の中で見かける栽培の方法、ビニールハウスや温室で利用される栽培の原理、植物工場で使われる栽培の設備、そして、無重力という宇宙での植物栽培への挑戦などを紹介しています。

いろいろな植物の栽培の裏には、植物たちの巧みな性質が隠されています。本書を通して、植物たちの栽培に潜むそれらの性質に気づいてください。そして、それらがどのように栽培に生かされているかを知ってほしいと思います。

身近な植物たちに抱かれている、いくつかの「なぜ?」は解決していただけるはずです。

ただ、「なぜ？」と感じる疑問は、尽きることはありません。1つの「なぜ？」が解ければ、そこからまた新たな「なぜ？」が生まれてきます。あるいは、それまで気にならなかった事象が、「なぜ？」の対象になることもあります。

でも、1つの「なぜ？」が解ければ、喜びや感動が得られます。そして、その喜びと感動が、次に生まれた「なぜ？」を考える力となってくれます。本書がそのきっかけになることを願っています。

2017年4月吉日

田中　修・高橋　亘

目次

第1章 栽培のための土と苗の準備

第2章　家庭菜園で実践できる栽培

第3章　農園での栽培のふしぎ

第4章 植物工場で見られる栽培

第5章 宇宙ステーションでの栽培のふしぎ

第１章

栽培のための土と苗の準備

～なぜ黒いフィルムで地面を覆うのか？～

1 なぜ、植物を土にすき込むのか？

土を肥沃にする植物

一昔前、田植え前の田んぼには、卵形の小さな葉がついた茎が地面を這うように育ち、紫色の花が畑一面に咲いていました。その様子を遠くから眺めると、紫色の雲が広がっているように見立てられました。そこで、うるわしい花を意味する文字「英」をつけて、その植物は、「紫雲英」といううきれいな漢名をもちます。

近づいて観察すると、チョウチョのような形をした花が輪を描くように咲いています。その様子が仏様の座られる蓮華台に似ているので、「蓮華草」とも書かれます。「紫雲英」とは、レンゲソウなのです。この植物は、雑草らしい印象の植物です。

でも、レンゲソウは、田植えをする田んぼに、前の年の秋にタネがわざわざまかれて、栽培される植物なのです。育ったレンゲソウの葉や茎は田植えの前に土が耕されるとき、そのまま田んぼの中にすき込まれます。

この植物は、栽培されているといいながら、収穫されて何かに使われることはないので

レンゲソウ畑

春に花咲くレンゲソウは、秋にタネをまかれて育てられています。
十分に育ったあとは、土にすき込まれます。

す。この植物は、何のために栽培され、なぜ、土にすき込まれるのでしょうか。

レンゲソウのからだは土にすき込まれ、そのあと、水を張って田植えが行われます。すると、**すき込まれた葉っぱや茎に含まれていた「窒素」を含んだ物質が田んぼの土の中に溶け込みます。そのおかげで、田んぼの土が肥沃になるのです。**

窒素というのは、植物を栽培するための三大肥料とされる「窒素、リン酸、カリウム」の1つです。つまり、レンゲソウを畑で栽培するのは、化学肥料を使わずに土を肥やす方法なのです。

緑の植物が肥料となるので「緑肥《りょくひ》」といわれ、緑肥となる植物は「緑肥作物」とよばれます。

美しい花を咲かせるレンゲソウを土にすき込んでしまうのはもったいなく感じますが、土を肥沃にする緑肥作物として活躍しているのです。

2 なぜ、天然の肥料をつくりだせるのか？

食糧供給を支える植物のはたらき

レンゲソウは、「緑肥作物の代表」として利用されてきました。この植物は緑肥作物にふさわしい特性を持っているのです。元気に育つレンゲソウの根を土からそおっと引き抜くと、根に小さな粒々がいっぱいついています。この粒々は「根粒《こんりゅう》」といわれ、その中には、「根粒菌《こんりゅうきん》」という菌が住んでいます。この根粒菌がすばらしい反応を行うのです。

植物が栽培されるときには、肥料が施されます。肥料の中でも、窒素肥料は特に必要です。なぜなら、窒素は、葉や茎の緑の色素であるクロロフィル、タンパク質や遺伝子などをつくるために必要な物質だからです。

窒素は、気体として、空気中の約80%を占めています。もし植物が空気中の窒素を利用できたら、植物に窒素肥料を与える必要はありません。しかし、ほとんどの植物は、空気中の窒素を窒素肥料として利用できないのです。そのため、私たちが植物に窒素肥料を与えねばならないのです。

レンゲソウと根粒菌

レンゲソウは、根粒菌に栄養分を与えます。その代わりに、根粒菌はレンゲソウに肥料となる窒素を与えます。このような関係は、「共生」とよばれます。

根粒菌のつくマメ科の植物

ダイズ	レンゲソウ
エンドウ	クローバー
ソラマメ	アルファルファ
インゲンマメ	ハギ
ラッカセイ	クズ
アズキ	エニシダ
カラスノエンドウ	ネムノキ
スズメノエンドウ	アカシア
ミヤコグサ	ヘアリーベッチ

根粒菌にはいろいろの種類があり、植物ごとに根に住む根粒菌は異なります。

ほとんどの植物は空気中の窒素を肥料として利用する術がない中、レンゲソウのようなマメ科の植物は、根粒菌のおかげで、空気中の窒素を利用できるのです。

窒素肥料という言い方からは気づかれませんが、窒素肥料の具体的な物質名は、硝酸アンモニウムや硫酸アンモニウム、リン酸アンモニウムなど、アンモニウムという名前がつくものが多いのです。これらの窒素肥料の原料となるのが、アンモニアという物質です。そのため、アンモニアは、植物を栽培するために必ず必要な物質なのです。

18世紀後半からの産業革命によって、人類の生活水準が向上し、地球上の人口が急激に増加しました。人口が増えると、多くの食糧が必要です。そのために、食糧を供給する植物の栽培を増加しなければなりませんでした。収穫量をあげるためには、窒素肥料が必要だったため、原料であるアンモニアを工業的につくる方法が研究されました。

1908年、ドイツのフリッツ・ハーバーが、空気中に存在する窒素を利用してアンモニアをつくる方法を開発し、この業績により、1918年に、彼はノーベル化学賞を受賞しました。1913年には、カール・ボッシュが、その技術を工業化して、1931年に、ノーベル化学賞を受賞しました。このようにして生まれたアンモニアを工業的に生産する技術は、2人の名前から「ハーバー・ボッシュ法」といわれます。

こうして空気中の窒素を利用して、窒素肥料がつくられ、それによって栽培された植物が多くの人々に食糧を供給しました。それゆえ、この技術は、「空気をパンに変える方法」といわれます。しかし、この方法でアンモニアをつくるためには、400~600度という高温、200~400気圧という高圧が必要なので、多くのエネルギーが消費されます。

ところが、レンゲソウの根の粒々の中に暮らす根粒菌は、ふつうの温度や圧力の下でその反応を行うことができるのです。**根粒菌は、根の粒の中で、空気中の窒素を窒素肥料に変えて、レンゲソウに与え、レンゲソウは、緑肥となってコムギの成長の糧となります。**コムギからは、パンがつくられるので、レンゲソウは「空気をパンに変える仕組み」を持つ植物といわれます。

こうした性質をもつレンゲソウだから、田植えをする田んぼにタネがまかれて、栽培されているのです。ところが、近年、レンゲソウ畑が減ってきました。化学肥料が普及してきたことが一因ですが、大切な理由は、田植えの機械化がすすみ、小さなイネの苗を機械で植えるようになり、田植えの時期が早くなったことです。以前の田植えでは、レンゲソウの花の終わるころに、大きく育ったイネの苗を手で植えていました。田植えの時期が早まると、レンゲソウが育つ期間が短くなるので、レンゲソウを栽培してもあまり役に立たなくなったのです。

空気をパンに変えるしくみ

$N_2 + 3H_2 \rightarrow 2NH_3$（アンモニア）

↓

窒素肥料

↓

コムギの栽培

↓

パン

3 なぜ、サツマイモをナノハナ栽培のあとに育てるのか？

病原菌の増殖抑制効果

「緑肥作物」は、田植え前の田んぼだけでなく、畑作の前にも利用されており、近年では、ナノハナが緑肥作物の代表になりつつあります。ナノハナは、根粒菌に窒素肥料をつくってもらう植物ではないのですが、大きく成長する時期が早く、4月初旬までに大きく成長します。そのあと、その葉や茎が土にすき込まれると、肥料となって土地を肥やします。同様に、アブラナ科のシロガラシやチャカラシなども緑肥作物として栽培されます。

成長した植物の葉や茎は土にすき込まれると、土の中で微生物により分解され、畑で栽培される作物の養分となります。また、葉や茎に含まれていたデンプンやタンパク質などは、土中の微生物の数を増やして活動を促し、土壌の通気性や通水性を高めます。

葉や茎を構成する成分が肥料となるのなら、どの植物も利用できるはずですが、緑肥作物として栽培されるものは、役に立つための＋αの性質を持っています。たとえば、「ナノハナを緑肥にすると、そのあとで栽培するサツマイモが病気にかかりにくい」といわれます。これは、**ナノハナが「グルコシノレート」という物質を含んでおり、これが土壌中で「イソチオシアネート」という物質を生み出すことが原因です。この物質は、有害なセンチュウや土壌にいる病原菌の増殖を抑える効果があります。**

この植物は、「美しい眺めをつくる」という意味で、「景観植物」といわれます。でも、緑肥作物としても役に立つのです。

主な緑肥作物の効果

緑肥作物	放出する物質	作用
レンゲソウ	ラク酸・プロピオン酸	雑草の発芽や成長を抑制
マリーゴールド	α-テルチエニル	有害なセンチュウ類の増殖を抑制
エン麦・ライムギ	スコポレチン	有害なセンチュウ類の増殖を抑制

緑肥作物の放出する物質は、植物ごとに異なり、また、作物に有害なセンチュウの種類も作物ごとに異なります。そのため、栽培する作物に応じて、緑肥作物は選ばれます。「ラク酸」や「プロピオン酸」などは、レンゲソウなどのマメ科植物が土にすきこまれて腐敗してできる物質です。

葉や茎は土にすき込まれることで作物の養分になり、土壌を豊かにすることもできます。緑肥作物は+αの性質があり、病原菌の増殖を抑制したりできるのです。

4 なぜ、石灰をまくのか？

最適な土壌環境に調節

タネをまいたり、苗の栽培をはじめたりする前に、土壌はその植物に適切な酸性度に調節されます。たとえば、酸性に弱いホウレンソウを栽培する前に、**「酸性の土壌を中和する」**という作業が行われます。ただ、「酸性の土壌を中和する」と表現されますが、完全に中和するわけではなく、「土壌の酸性度を少し和らげる」という意味です。

野菜や草花、果樹などが元気に育つためには、良質な土壌が大切です。良質な土壌とは、適度の水を保つこと、通気性があること、窒素、カリウムやリン、鉄やカルシウムやマグネシウムなどの養分を十分に含むことなどの性質がいわれます。

これらの性質が生かされるには、土壌の「酸性度」が大切です。酸性度を調節するために、苦土石灰《くどせっかい》、あるいは、消石灰《しょうせっかい》などが土壌に与えられます。苦土はマグネシウムを意味し、苦土石灰は「炭酸マグネシウム」や「炭酸カルシウム」を主な成分としています。

石灰は、炭酸カルシウムを成分とする石灰岩を焼いてできる白い粉で、「生石灰《せいせっかい》」とよばれることもあります。生石灰は、酸化カルシウムが成分であり、水と激しく反応し発熱します。この熱が消えて生じるのが消石灰であり、水酸化カルシウムが主な成分です。

また、これらをやりすぎて、酸性に戻すのにはピートモスが使われます。ピートモスは、ミズゴケを主な成分としており、これを混ぜた土壌は酸性化し、保水性や吸水性が高くなります。土壌を改良するという意味で、「土壌改良材」とよばれることがあります。

酸性度の調節が行われる理由は、**日本の多くの地域の土壌は酸性であり、多くの植物が酸性の土壌に弱いからです。**日本の土壌が酸性なのは、降水量が多いからです。多量の雨により、土壌に含まれるアルカリ性をもたらすカルシウム、マグネシウム、カリウムなどが流されてしまっているのです。

酸性土壌に弱い植物、強い植物の例

酸性に弱い植物	ホウレンソウ　タマネギ　ダイズ アズキ　キュウリ　ニンジン	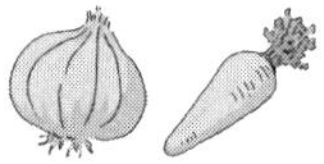
酸性に強い植物	ジャガイモ　サツマイモ ハハコグサ　オオバコ　スギナ	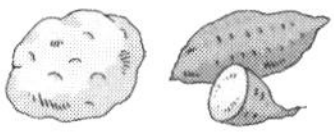

畑に白い粉がまかれていることがあります。これらの粉は、肥料のこともありますが、土の性質を調整し、作物に最適な環境をつくるのが目的で使われます。

5 なぜ、黒いフィルムで地面を覆うのか？

究極の雑草対策

タネをまくときに、タネの上に土をかぶせることがあります。その意味は、「タネが目立つと、鳥がついばんで食べてしまうから」と思われることがあります。その効果もありますが、それだけではありません。タネの上にかぶせる土は、「覆土《ふくど》」といわれます。

植物の種類によって、覆土を薄くするか、厚くするかを注意しなければなりません。これは、まいたタネが発芽するために多くの光を必要としているか、光が当たると発芽が抑制されるとかの性質が、植物の種類によって異なるからです。

「タネをまいたが、発芽してこない」ということがあります。いろいろな理由が考えられますが、その大きな原因の1つは、覆土の量です。覆土が発芽に影響するのは、タネに当たる光の量が変わるためです。

タネが発芽するための3条件は、「適切な温度、水、空気（酸素）」といわれます。光が当たるか当たらないかは、タネが発芽するための3条件には入っていません。ところが、実際には、光が当たるか当たらないかは、多くの種類の植物の発芽に大きな影響を与えます。発芽するために光が当たることを必要とするタネと、光が当たると発芽が抑えられるタネがあるのです。

発芽に光が必要なタネは、「好光性種子《こうこうせいしゅし》」とか「光発芽種子《ひかりはつがしゅし》」とよばれます。逆に、光により発芽が抑えられるタネは、「嫌光性種子《けんこうせいしゅし》」や、真っ暗な中でも発芽してくるので、「暗発芽種子《あんはつがしゅし》」ともいわれます。

好光性種子は、光が当たらない場所では、発芽してこないか、著しく発芽が抑制されます。そのため、好光性種子とされるレタスやミツバ、シュンギクなどのタネをまくときは、光が当たるように「覆土しないか」、あるいは、「覆土を薄く」といわれるので

好光性種子と嫌光性種子

好光性種子

野菜	レタス　ミツバ　シソ　セロリ ニンジン　シュンギク
草花	ペチュニア　ベゴニア

嫌光性種子

野菜	ネギ　ニラ　ナス　トマト　ピーマン カボチャ スイカ　トウガラシ　ダイコン
草花	サルビア

「光」は発芽に大きく関係する要素で、光が当たるか当たらないかをコントロールすることで雑草対策を行うこともできます。

す。嫌光性種子や暗発芽種子には、ミズナやネギやカボチャなどのタネがあります。これらのタネは、光が当たると発芽が抑制されるので、覆土を多くしなければなりません。

多くの雑草のタネは、「光が当たらない場所では、発芽しない」という用心深い性質を身につけています。なぜなら、植物が育つには、光に当たって「光合成」をする必要があるからです。光合成とは、空気中の二酸化炭素と、根が吸収した水を材料に、光のエネルギーを使ってデンプンなどの栄養をつくる反応です。栽培される植物なら、発芽したあとは、栽培者により光が与えられますが、雑草は自分で生きていかなければなりません。

光が当たらない場所で発芽した雑草は、成長に必要な栄養をつくるための「光合成」ができずに、枯れてしまいます。ですから、多くの雑草は光が当たることを確認して、発芽するのです。この性質を利用して、畑や花壇などに雑草を発芽させたくなければ、それらのタネに光が当たらないようにすればいいのです。

畑や花壇などに雑草を生やさないようにするには、「土をていねいに耕して、掘りだした雑草を根から捨てればいい」と思われがちです。ところが、この方法で雑草を退治しようとするのは、あまりよい方法ではありません。土を耕して掘り返すと、生えている雑草を根から取り除くことはできます。しかし、土に埋まって、それまで光を受けることのなかった雑草のタネに、掘り返されることで光が当たるようになります。すると、雑草のタネが発芽します。だから、土を掘り返してはいけないのです。

このように、**雑草を退治する極意は、タネに光を与えないことです。花壇や畑の土の表面に光を当てないようにするのが有効です。**これには、農業用のマルチフィルムが使われます。黒いフィルムで土を覆うと、雑草のタネには、光が当たりません。

また、**稲わらなどを土の上に敷く方法もあります。雑草のタネを含まない栽培用の土で畑の表面を覆うのも有効**です。これらは、**土の温度を保つ目的でも使われますが、地表面にあるタネに光が当たらないようにする効果もあります。**

畑や花壇ではなく、通り道に雑草を生やしたくなければ、小石を敷き詰めるのが有効です。家の庭の通路に雑草が生えて草抜きが大変なら、その通路に小石を敷き詰めることで、雑草の発芽をかなり減らせるでしょう。

マルチフィルムで地面を覆う効果

- 雑草のタネに光を当てない
- 発芽した雑草の芽生えに光を当てない
- 地面の温度を高く保つ
- 地面の乾燥を防ぐ
- 土がはねて葉につくのを防ぐため、病気にかかりにくい

6 なぜ、タネは硬い皮を持っているのか？

身を守り生き抜く知恵

硬く厚い皮に包まれているタネは、アサガオ、オクラ、ホウレンソウなど多くあります。タネが硬く厚い皮に覆われていることは、植物にどんな利点をもたらすのでしょうか。

タネの大切な役割の1つは、**暑さや寒さなどの都合の悪い環境を耐えしのぐ**ことです。硬く厚い皮は、暑さや寒さをしのぐのに役立ち、そればかりでなく、**ひどい乾燥を耐え抜く**のにも役立ちます。

もう1つのタネの大切な役割は、**植物が生育する場所を変えたり広げたりする**ことです。そのため、動物に食べられても、胃や腸の中で消化されずに糞といっしょに排泄されなければなりません。硬く厚い皮は消化されにくいので、この点でも役に立ちます。

また、硬く厚い外皮のついたタネは発芽に時間がかかると同時に、タネをいっせいにまいても発芽の時期はバラバラにずれます。この性質は、早くいっせいに発芽して欲しい栽培植物の場合、私たち人間には都合が悪いのです。

そのため、オクラの場合には、タネをまく前の日から、一晩、水につけておきます。これにより、発芽が早まると同時に、発芽するタネの割合が高くなり、発芽がそろいます。また、アサガオのタネを早くいっせいに発芽させるために濃硫酸という薬品につけることがあります。この薬品は、衣服につけば、布をボロボロにしてしまいますが、硬くて厚い種皮は、その薬品に数十分間つけられて、やっと薄くなります。そのあと、一晩、水でよく洗い流すと、翌日、発芽がおこるような状態になります。

ホウレンソウでは、「種皮をはがされた裸のタネ」を意味する「ネーキッド種子」が市販されています。種皮がないので、発芽が早くいっせいにおこります。

タネに傷をつけて、硬実種子を発芽させる方法

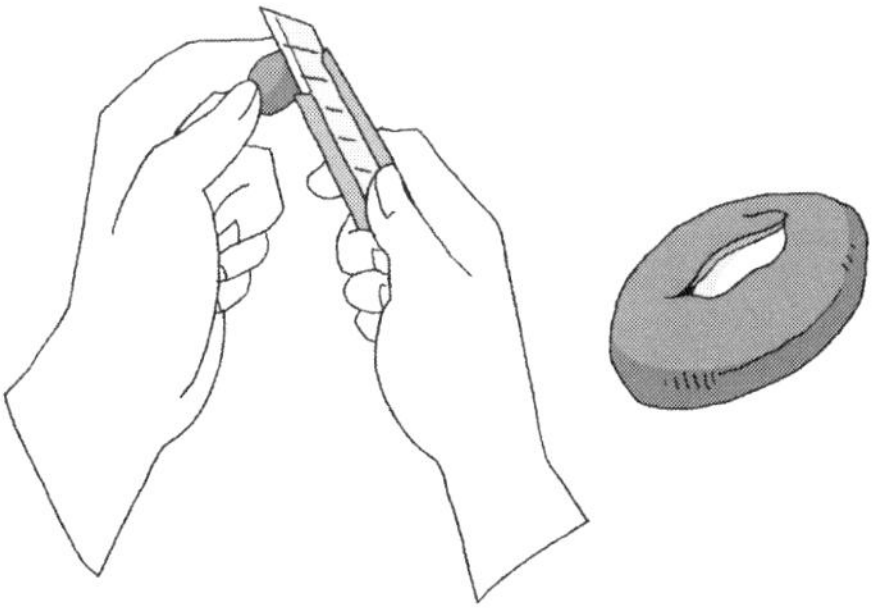

硬実種子を早く発芽させるには、ナイフやヤスリでタネの表面に傷をつけます。削りすぎや、芽が出る部分に傷をつけないようにしなければなりません。

タネを覆う硬い皮は、暑さや寒さ、乾燥といった、植物にとって都合の悪い環境を生き抜くためだけでなく、生育場所を広げるためにも役立っています。

7 なぜ、ミントのプランターを埋め込むのか？

ハーブを雑草化させない

ペパーミントやスペアミントなどは、栽培のしやすいハーブです。ですから、花壇や畑でよく栽培されます。一度栽培すると、翌年には、放っておいてもまた芽が出てきます。ところが、２年、３年と年数が経過すると、他の植物を栽培するはずの場所にまで、ミントがはびこってきます。その増え方は、雑草のごときです。

この原因は、ミントは地下茎で増えるからです。**地下茎というのは、土の中を伸びる茎で、そこから地上部に芽生えを出してきます。そして、地下茎の先端は伸びていきますから、その生育する範囲が広がっていくのです。**

地上部の茎を刈り取っても、トカゲの尻尾切りのようなもので、地下茎は何ごともなかったかのように成長します。**いったん、地下茎がはびこってしまうと、地上から地下茎の伸びを抑えるのはむずかしいのです。**

そのため、ミント類は、鉢植えやプランターで栽培されることが多いのです。地下茎は、鉢植えやプランターを超えて伸びてはいかないからです。でも、花壇や畑の一角に、ペパーミントやスペアミントをどうしても育てたいという場合があります。

そんなときには、植木鉢やプランターにタネをまいたり芽生えを植えたりして、その鉢やプランターを花壇や畑に埋め込んでしまうのです。あるいは、範囲を決めて、その範囲を囲うように板を埋め込みます。ミント類の地下茎は、地面の下をそんなに深くにまで伸びていませんから、30～40㎝の深さまで板が埋められておれば、大丈夫です。

植木鉢やプランターに植えて花壇や畑に埋め込んでしまう方法や、板で範囲を限定する方法は、ハーブに限らず、地下茎で増える植物を栽培する場合に有効です。ドクダミやワラビ、クローバーやトクサなどを花壇や畑で範囲を限定して育てるときに使われます。

雑草のようにはびこるスペアミント

栽培しやすい反面、増殖しやすいハーブ。はびこらないために、生育範囲を限定できるプランターにタネをまき、埋め込むなどの対策が必要なのです。

8 なぜ、〝連作〟はだめなのか？

病気や収穫量の減少を避ける

「輪作」という語句があります。同じ土地に異なる種類の作物を、1年や2年とかの周期で栽培することです。これと反対の意味を持つ「連作」という語があります。同じ作物を同じ場所に2年以上連続して栽培することです。多くの植物は、連作されることを嫌がります。

もし、連作すれば、生育は悪く、病気にかかることが多く、うまく収穫できるまでに成長したとしても、収穫量は少なくなります。これらは、「連作障害」といわれる現象です。そのため、前の年に、多くのナスやゴーヤが収穫できた畑に、次の年にもナスやゴーヤを栽培しようとすると、「毎年、同じ野菜を同じ土地に栽培してはいけない」といわれるのです。

主な連作障害の原因として、3つ考えられます。

1つ目は、病原菌や害虫によるものです。毎年、同じ場所で同じ作物を栽培していると、その種類の植物に感染する病原菌や害虫がそのあたりに集まってきます。そのため、連作される植物が、**病気になりやすかったり、害虫の被害を受けたり**します。

2つ目は、連作すると、**土壌から同じ養分が吸収されるために、連作される植物に必要な特定の養分が少なくなる**ことです。

植物の成長に必要な「十大元素」というものがあります。空気や水から吸収される、炭素、酸素、水素に加えて、「三大肥料」といわれる窒素、リン、カリウム、その他に、カルシウム、マグネシウム、鉄、硫黄です。これらの養分は、肥料として土壌に与えられます。これ以外に、モリブデン、マンガン、ホウ素などがごく微量に必要で、「微量元素」とよばれます。このような養分が不足することが考えられます。

3つ目は、**植物も不用になった物質を根から排泄物として、土壌に放出していることです。**連作すると、それらが土壌に蓄積してきます。すると、植物の成長に害を与えはじめます。

連作に強い植物と弱い植物

連作に強い植物	カボチャ ゴボウ ダイコン ニラ サツマイモ ニンジン ニンニク	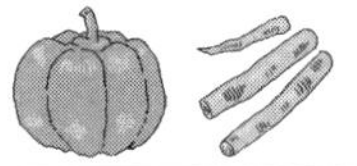
連作に弱い植物	トマト ナス ピーマン エンドウ キュウリ スイカ キャベツ	

病気や収穫量の減少を引き起こす「連作障害」。その主な原因は、「病原菌や害虫」「土壌中の養分不足」「土壌に蓄積した植物の排泄物」の3つです。

9 なぜ、接ぎ木苗を使うのか？

優良品種を増やし病気を防ぐ

ナス、トマト、スイカ、ゴーヤ、キュウリなど、家庭菜園のためのいろいろな野菜の苗が、春に、園芸店で売られます。その中で、ゴーヤやナス、スイカやキュウリなどに、少し値段が高い苗があります。それらは、接ぎ木した苗です。

接ぎ木というのは、根を生やして育つ植物の茎や幹の上部を切り落とし、その切断面に割れ目を入れて「台木《だいぎ》」としたものです。台木の割れ目に育てたい植物の芽を持つ茎や枝を「穂木《ほぎ》」として挿し込んで癒着させ、２本の近縁の植物を1本につなげてしまう技術です。

接ぎ木はいろいろな目的で利用されます。たとえば、果物の**優良品種は、接ぎ木で増やされます。接ぎ木で増やすと、同じ性質の株をつくり出すことができるから**です。また、**台木に病気や連作に強い品種や植物を用いることで、接ぎ木した穂木が病気にかかるのを防ぎ、連作障害を避けることができるため、連作が可能**になります。

これが、ナス、トマト、スイカ、ゴーヤ、キュウリなどに、接ぎ木苗が使われる理由なのです。だから、「台木」には、「連作ができる」や「病気に強い」などという性質を持つ植物や品種が用いられています。

接ぎ木苗では、連作ができたり、農薬を使わずに病気を逃れられたりするのですから、値段が少し高くても売れるはずです。

接ぎ木苗のつくり方

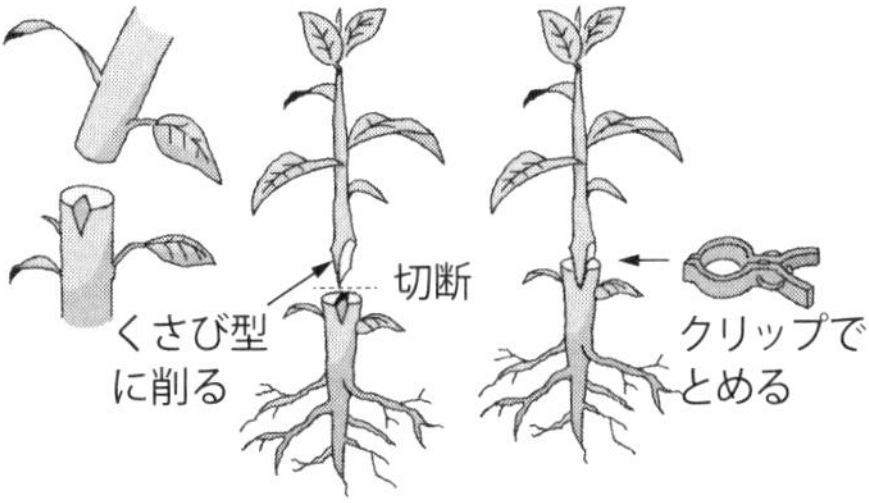

台木の茎や幹の上部を切り落とし、その切断面に割れ目を入れる。その割れ目に穂木を挿し込み、ひもで縛る、クリップではさむなどして癒着させます。

接ぎ木苗に使われる主な台木

穂木	台木
ナス	赤ナス
ゴーヤ	カボチャ
スイカ	ユウガオ　カボチャ　トウガン
キュウリ	カボチャ
トマト	病害抵抗性のある品種

接ぎ木で増やすと、同じ性質の株を作り出すことができ、また、病気や連作に強い台木を用いることで病気になるのを防ぎ、連作を可能にします。

コラム 1 なぜ、沖縄でパイナップルが生産されるのか？

パイナップルは、ブラジルを中心とする南アメリカを原産地とする熱帯の作物です。そのため、日本では、暖かい沖縄県でほぼ100パーセントがつくられています。パイナップルが台風や干ばつに強いことも、沖縄県で栽培されている大きな理由です。

といっても、沖縄県でのパイナップルの生産は、沖縄本島の全体ではなく、本島の北部と八重山地方に限られています。栽培地が限定されている大きな理由は、土壌の酸性度です。パイナップルは、酸性の強い土壌を好むのです。

沖縄本島北部と八重山地方には、「国頭《くにがみ》マージ」とよばれる酸性度が非常に強い土壌があるのです。「国頭」は、沖縄本島北部の地名であり、「マージ」は明るい赤色の土を意味する言葉です。沖縄県のフルーツといえばパイナップルですが、パイナップル畑が見られるのは、沖縄本島の北部と八重山地方に限られているのです。

第2章

家庭菜園で実践できる栽培

～なぜ、根こそぎ収穫しないのか？～

10 なぜ、水を毎日やらないのか？

みずみずしく美味しい果肉の秘密

美味しい野菜をつくるために、土がカラカラになるほど水を断つことが必要だといわれることがあり、実際に、ナスやトマトなどで、何日間か水を与えず、その後、たっぷりの水を与える栽培方法がとられることがあります。

成長する芽生えは、**毎日、水をたっぷりと与えられると、根を発達させなくても、水を十分に得られるので、根をあまり発達させません。逆に、水が不足すると、植物は根を強く成長させます。そのために、何日間か水を与えない**のです。

根はよく成長すると、水が多く与えられたときに、多くの水を吸収します。たとえば、ナスの実は、実が肥大するのに日数がかかると、果肉が硬くなり、水気の少ない実になる傾向があります。そのため、あらかじめ数日間、水を断ち、根を十分に成長させ、実がなりはじめると、水をたくさん与えて、根に多くの水をいっせいに吸収させるのです。すると、果肉はみずみずしくなり、柔らかい果実ができます。

「そんなに多くの水が吸収されて果実が大きくなると、果実が水っぽくなり、甘みや旨みが少なくなるのではないか」との疑問があるかもわかりません。

しかし、根が水を吸収する力が強くなると、養分もよく吸収され、葉が大きく展開し、光合成も十分にできます。だから、甘みや旨みのもとになる物質が多くつくられます。そのため、成長する植物に毎日は水をやらないという栽培方法がとられることがあるのです。

乾燥地と湿潤地の根の成長

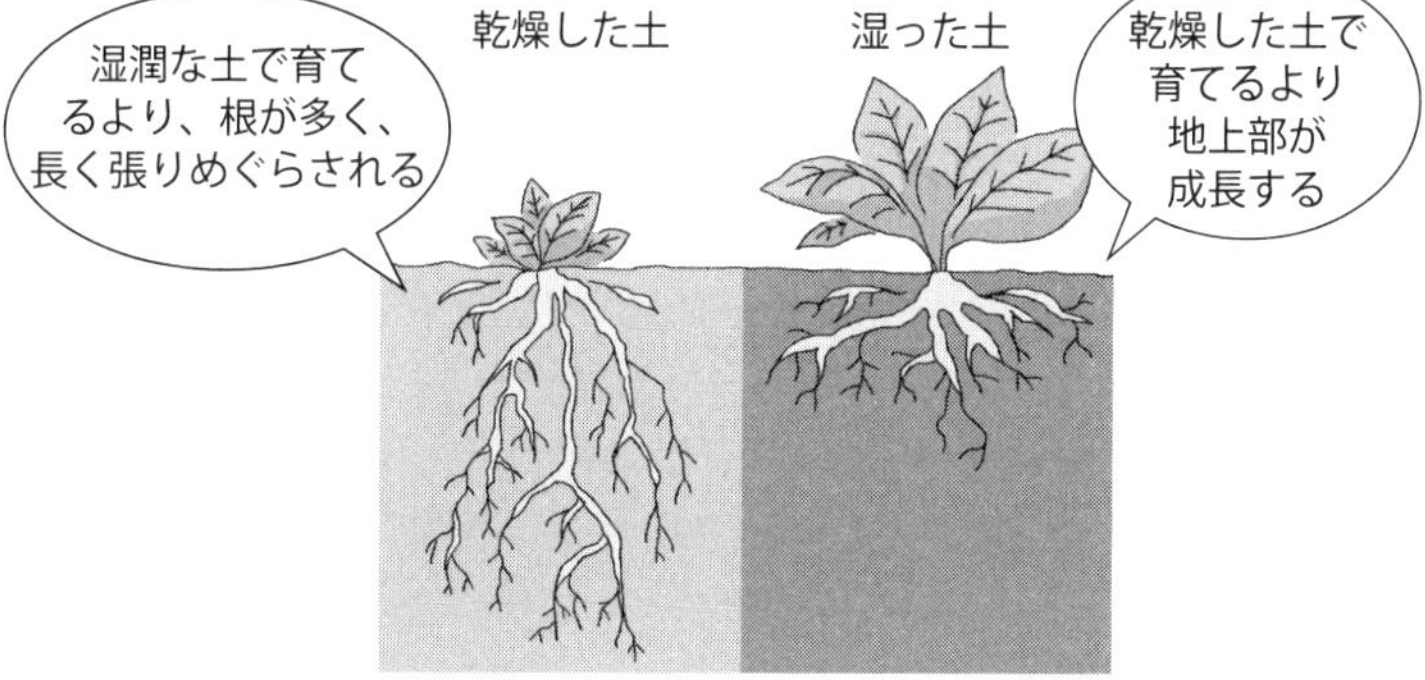

同じ種類の植物が、水のある湿潤な場所で育った場合と乾燥した場所で育った場合を比較すると、根の張り方にこのような違いが出ます。

「水やり、10年」という言葉があるくらい、植物の能力を十分に発揮させるための水の量と、与える時期の極意を身につけるのは簡単なことではないのです。

11 なぜ、昼間に水をやってはいけないのか？

きちんと水を得るために

夏の猛暑の中では、昼間の暑さのために、庭や畑、花壇の土はカラカラに乾きます。だから、昼間に水をやりたくなりますが、ふつうには、昼間に、水やりをしない方がいいでしょう。**昼間にまかれた水は暑さのために土の中にしみこむ前に乾いてしまい**、まかれた水の大半は無駄になります。また、暑い時期の**昼間にまいた水は、土の表面から下にしみ込み、土の中にある水と結びつくと、土の表面から蒸発するときに、土中の水を引き上げて、いっしょに蒸発させるのです。**すると、土中に含まれていた水までなくなってしまい、何のために水をやったのかがわからなくなります。

水やりは、朝でもいいのですが、昼間の光と暑さで水を失くしている夕方がいいのです。夕方にやると、水不足のためにぐったりと葉っぱを垂らしていた植物は、夜の間に水を吸って、朝にはピンと葉っぱを広げます。

水をやるとき、土の表面がいくらぬれていても、水は深くにまでしみ込んでいません。水を吸収する根は土の中を深くに伸びているので、土の表面から水がしみ込んで、その深さにまで届くほど、たっぷりと水をやる必要があります。

水をまいたあと、指先で少し土を掘り、水が土の表面を湿らせているだけでなく、土の深くによくしみ込んでいるかを確認してください。昼間、土の表面がぬれるだけの水やりは、水を吸収するための根を土中深くにまで伸ばしている植物たちには、役に立ちません。

植物が夜の間に多くの水を吸収し、からだに溜め込むことを示すのに、溢水《いっすい》という現象があります。朝早くに、葉っぱの先端部分に水滴になって水がたまっている現象です。夜の間に水を吸収しすぎて、余った水が溢れ出てきたのです。夜の湿度が高かった早朝に、多くの植物で観察できます。植物たちは、夜の間に水を吸収し、からだに溜めます。だから、水やりは夕方にする方がいいのです。

イチゴの葉の溢水

溢水とは、朝早くに葉っぱの先端部分に水滴になって水がたまっている現象です。葉っぱが夜の間に水を吸収しすぎて、余った水が溢れ出てきたのです。

暑い日は、日中の気温が高い時間帯に水をやりそうになりますが、土や植物の性質を考えると夕方にたっぷり土の深くまでしみるほどの水をやるのがよいのです。

12 なぜ、光を遮って栽培されるのか？

光の強さと野菜の美味しさ

トマトやキュウリ、ナスなどは、夏が旬の野菜です。これらの野菜は、夏の暑い時期に、ビニールハウスの中で栽培されていることはめずらしくありません。

冬にビニールハウスで野菜が栽培されていると、「寒いからビニールハウスの中の温度を高めて、暖かい条件で野菜が栽培されている」と考えれば、ビニールハウスでの栽培の意義はよく納得できます。しかし、暑い夏でもトマトやキュウリ、ナスなどがビニールハウスで栽培されており、「なぜ、暑い時期に、これらの野菜をビニールハウスで栽培するのか」との疑問が浮かびます。

ビニールハウス栽培の理由の1つは、**夏の太陽の強い光を避け、〝遮光〟をするため**です。太陽の光を遮光するのは、トマトやキュウリ、ナスなどの果実を食用とする野菜である果菜類ばかりではなく、葉や茎を食用にする葉菜類も遮光して栽培されます。葉菜類は、太陽の強い光が当たると、葉や茎が硬くなり、美味しさが劣化してしまうからです。

たとえば、サラダに使うレタスやシュンギク、ミズナなどは、植木鉢やプランターで栽培する場合や、室内の窓際で育てる場合があります。これは、室外の太陽の強い光に当てて育てるより、室内で栽培すると葉っぱや茎が柔らかくなるからです。

また、柔らかい葉や茎を食べるホウレンソウ、ミツバ、シソ、コマツナ、セリ、セロリなどの葉菜類の野菜では、栽培中に一時、光を完全に遮る場合があり、これを「遮光栽培」といいます。

野菜の種類

葉菜類	 ハクサイ　キャベツ
茎菜類	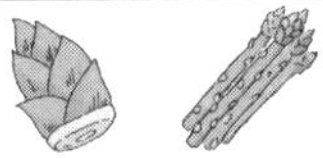 タケノコ　アスパラ
根菜類	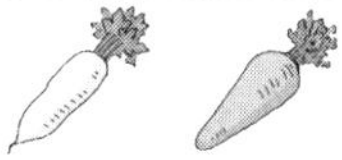 ダイコン　ニンジン
花菜類	 カリフラワー　ブロッコリー
果菜類	 キュウリ　ナス　トマト
果実的野菜	 イチゴ　スイカ　メロン
発芽野菜	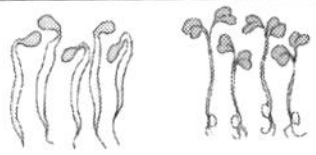 モヤシ　カイワレ
マメ類	 ダイズ　アズキ　エンドウ
イモ類	 サツマイモ　ヤマイモ

野菜には、いろいろな分け方があります。この表は、マメ類とイモ類を別にして、食用部により分けられたものです。

トマトやキュウリ、ナスなどをビニールハウスの中で栽培する理由が、「太陽の強い光を避けることである」と説明されると、「太陽の光は、避けなければならないほど、これらの植物には強すぎるのか」という、大きな疑問が浮かびます。

植物が太陽の光を利用して光合成をしていることは、よく知られています。そして、太陽の光が足りない日陰の場所では、植物の成長が悪くなることもよく認識されています。そのため、よく晴れた日の昼間、葉っぱにまぶしい太陽の光が当たっていると、「葉っぱは、さぞ喜んで、多くの光合成をしているだろう」と思われます。

ところが、ほとんどの植物の葉っぱは、昼間のまぶしい太陽の光が当たって、実は困っているのです。それは**太陽の光が強すぎて、葉っぱが、太陽の強い光を十分に使いこなせないからなのです。**

葉に光が当たると、光合成が行われ、どのくらいの速度で行われているかは、葉が吸収する二酸化炭素の量で示すことができます。光合成の速度は、葉に当たる光の強さにより、変化します。適切な二酸化炭素の濃度と温度の条件下では、おおよそ、左ページの図のようになります。横軸は光の強さを表し、右に行くほど光は強くなります。縦軸は、光合成の速度を葉っぱに吸収される二酸化炭素の量で示しています。

光がまったくない暗黒中では、光合成による二酸化炭素の吸収はおこりません。吸収がおこらないというだけでなく、呼吸によって二酸化炭素の放出がおこるため、二酸化炭素の吸収はマイナスの値になります。
光の強さが少し増すと、呼吸による二酸化炭素の放出量と光合成による二酸化炭素の吸収の量が同じになります。そのため、見かけ上、葉っぱからの二酸化炭素の出入りは見られなくなります。さらに、光の強さが増すと、それにつれて、光合成の速度も増し、二酸化炭素の吸収量が多くなります。やがて、二酸化炭素の吸収量は一定になり、光合成量が増えなくなります。このときの光の強さは「光飽和点《ひかりほうわてん》」といわれ、そのときの光合成の速度は「最大光合成速度」とよばれます。

光・光合成曲線

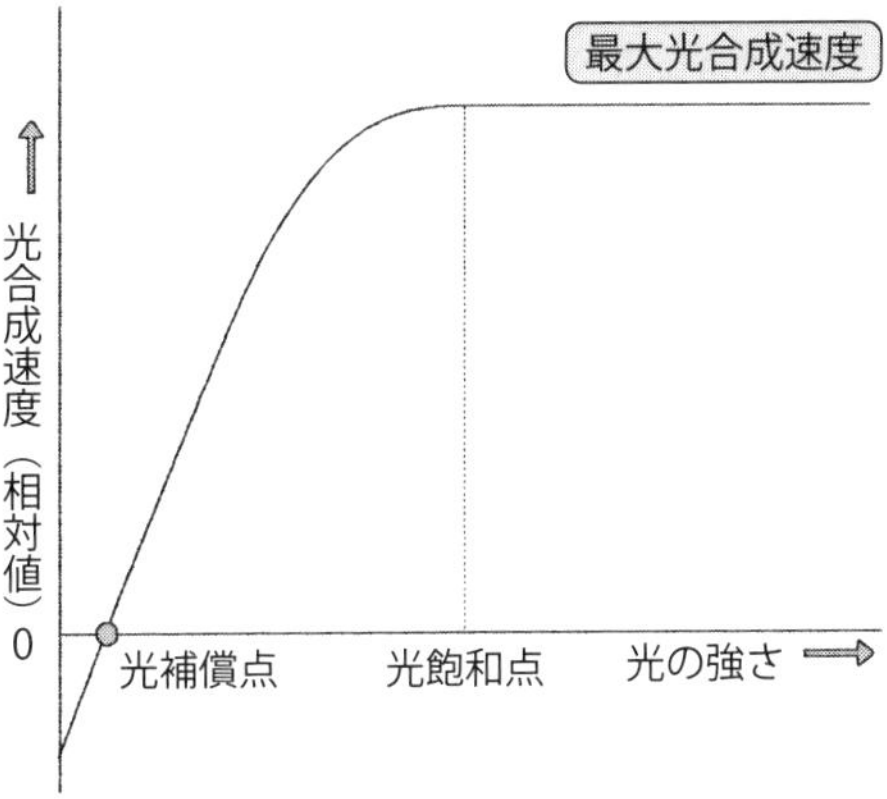

植物を育てるのに遮光するというと不思議な感じがしますが、野菜が硬くならないようにして美味しくしたり、光合成量をコントロールしたりしているのです。

13 なぜ、太陽の光を使いこなせないのか？

増えているはずなのに二酸化炭素不足の植物

晴天の日、**昼間の太陽の光の強さは約10万ルクスです**。それに対して、**多くの植物の光飽和点といわれる光の強さは、2・5〜3万ルクスで、太陽光の約3分の1の強さを使いこなせるに過ぎず**、せっかく当たっている太陽の光を使いこなせていないのです。

これは、**光合成に必要な材料である二酸化炭素の不足のため**です。近年、大気中の二酸化炭素の濃度が上昇しているといわれているので、二酸化炭素が不足することはないように思われますが、光合成をするには、二酸化炭素が足りないのです。不足する理由は、植物が空気中から二酸化炭素を取り込む仕組みに起因します。

植物は葉っぱにある「気孔《きこう》」という孔《あな》から二酸化炭素を取り込み、その仕組みは、気体が持つ不思議な性質に依存します。気体には、濃度の異なる2つの気体が接すると、濃い方が薄い方と同じ濃度になろうとする性質があります。これは、「拡散」といわれる現象で、濃度の異なる気体が接すれば、同じ濃度になろうとして、濃度の高い気体が、濃度の低い気体の方へ移動するのです。たとえば、タバコの煙の香りが、風のない部屋の中でも、いつのまにか、まわりの空気と混じって薄まるのはこの性質によるものです。

葉っぱの中の二酸化炭素は光合成に使われるので、その濃度は非常に低くなっています。わかりやすく0と考えると、二酸化炭素の濃度は、気孔をはさんで、葉っぱの内側が0です。外側は約0・04％（400ppm）で、低い濃度ですが、内側と比べると、高い濃度ですから、外側から内側へ、二酸化炭素は移動します。葉っぱが光合成をして二酸化炭素をどんどん使えば、葉の中の二酸化炭素濃度は、常に外側より低くなるため、二酸化炭素は、外から葉の中に入ってきます。

二酸化炭素が取り込まれる仕組み

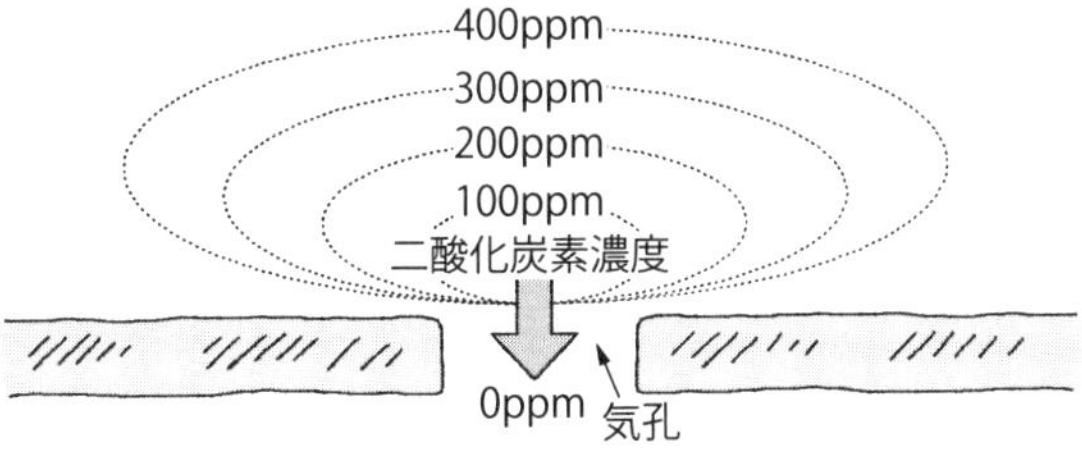

空気中の二酸化炭素の濃度が高いほど、葉の中の二酸化炭素濃度との差が大きいので、多くの二酸化炭素が葉の中に入ってきます。

太陽の強い光を浴びている植物は、実は、空気中から二酸化炭素を取り込む仕組みに起因して、光合成の材料となる二酸化炭素の不足に悩まされているのです。

14 なぜ、ジャガイモが食中毒を引きおこすのか？

見落とされる大切な栽培方法

ジャガイモは、家庭菜園や学校菜園で栽培しやすい植物のため、よく栽培されます。ところが、家庭菜園や学校菜園などで栽培され、収穫されたジャガイモが食中毒を引きおこすことがあります。

芽を出しはじめたジャガイモには、ソラニンやチャコニンという有毒な物質が含まれていることはよく知られています。ですから、家庭で調理するときには、芽が出ていれば完全に〝芽かき〟をします。

ところが、**ジャガイモの有毒成分は表皮が緑色になった緑色の部分や、未熟な小さなジャガイモにも含まれています**。このようなジャガイモは、八百屋さんやスーパーマーケットでは、売られていることはありません。しかし、家庭菜園や学校菜園などで収穫されるジャガイモには、めずらしくなく、学校菜園では、「せっかく子どもたちが栽培したものだから、捨てるのはもったいない」との思いから調理されることがあります。

その結果、学校菜園でジャガイモの食中毒事件がおこることが多いのです。２０１６年10月、ジャガイモの食中毒事件の９割は学校菜園でおこっていると、国立医薬品食品衛生研究所の調査でわかりました。

この原因は、ジャガイモの栽培方法で見落とされることがあるからです。種イモを植えておけば、芽が元気に出てくるのですが、出過ぎることが多いのです。芽生えの数が多いと、小さなジャガイモが多くできる傾向があります。小さなジャガイモが未熟なものとは限りませんが、きちんと成熟する前に収穫されがちなのです。これを避けるために、**１つの種イモから出た芽生えが多い場合、芽かきで芽生えの数を減らすことが必要なのです。**

もう１つの原因は、**「土寄せ」がされないことです。**土寄せというのは、畑の畝《うね》に土をかぶせ、ジャガイモの株の根もとに土

ジャガイモ栽培における「土寄せ」

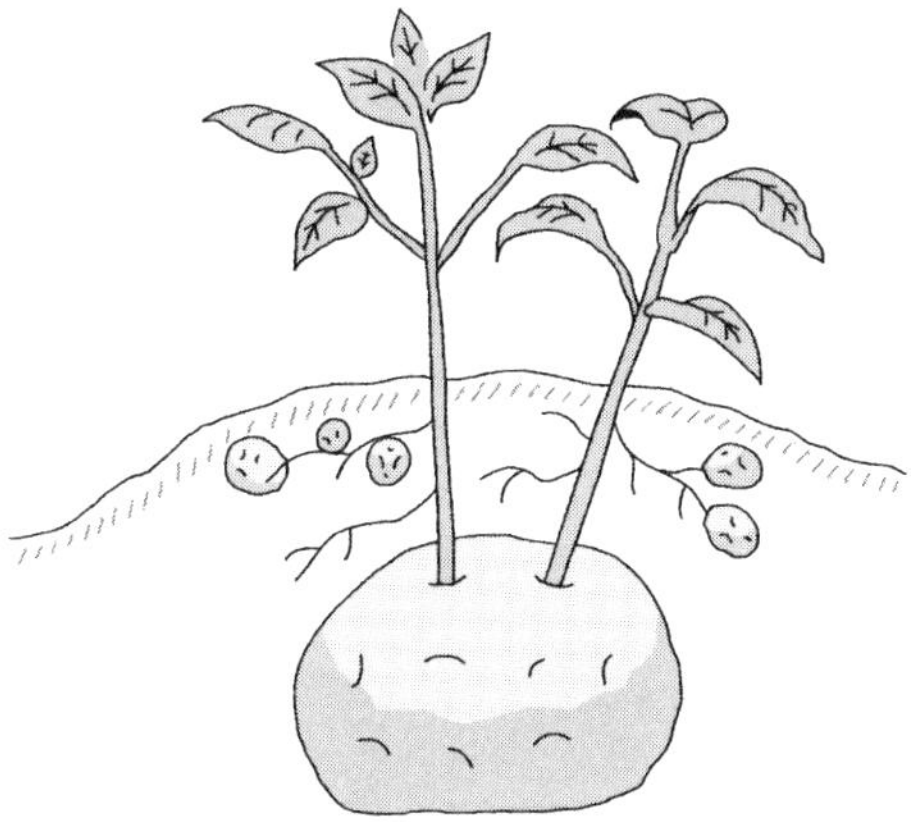

「土寄せ」では、畑の畝に土をかぶせ、ジャガイモの株の根もとに土を寄せて、地下部を土で覆うようにします。

を寄せて、食用部となる〝イモ〟に太陽の光が当たらないようにすることです。「なぜ、ジャガイモのイモの部分に太陽の光が当たると、緑になるのか」との疑問が浮かぶかもしれません。同じイモでも、サツマイモが緑色になっているのは見ることはありません。これは、ジャガイモとサツマイモのイモの性質が異なるからです。

ジャガイモのイモから芽が出てくるのを観察すると、表面の〝くぼみ〟の部分から、芽が出て、その芽の下からは、根が出てきます。それに対して、サツマイモには、ジャガイモの〝くぼみ〟に当たるものがありません。芽を出させてみると、長細いイモの上部（できたときに茎に近かった部分）から芽が出て、イモの下部から根が出てきます。ですから、ジャガイモとサツマイモは、同じイモであっても、性質が違うことが想像されます。

では、その性質の違いは、何かというと、ジャガイモの食用部分は根ではなく茎なのです。栄養が蓄えられて、塊《かたまり》となって肥大するので、「塊茎《かいけい》」とよばれます。これは茎ですから、光が当たると緑色になるのです。

それに対し、サツマイモの食用部分は根なのです。栄養が蓄えられて、塊《かたまり》となって肥大するので、「塊根《かいこん》」とよばれます。ジャガイモのイモの表面は、つるつるしており、細い根はありません。サツマイモのイモは根ですから、表面から、多くの細い〝ひげ根〟が出ています。

ジャガイモとサツマイモの性質の違い

ジャガイモ

サツマイモ

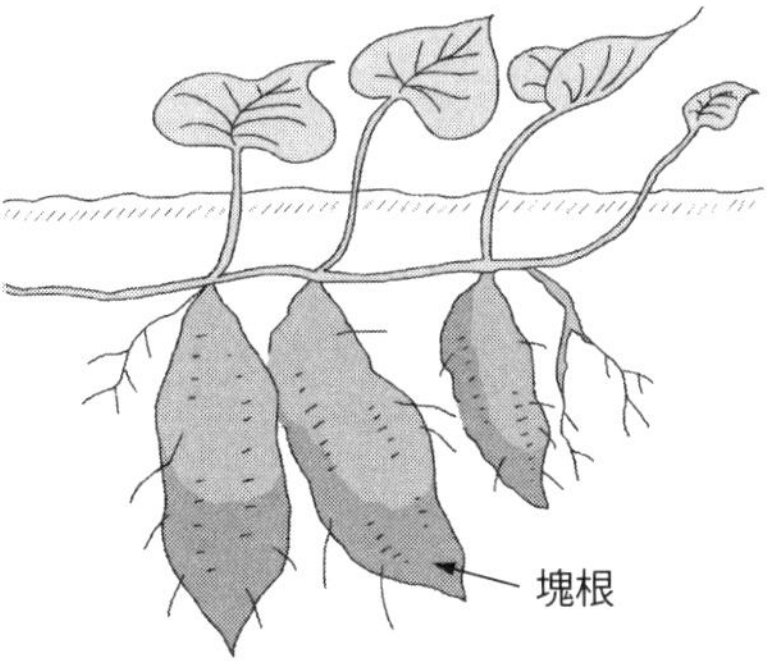

ジャガイモによる食中毒。原因は「土寄せ」や「芽かき」などの適正な栽培方法の見落としです。これらがなされれば、食中毒を減らすことができるでしょう。

15 なぜ、一番上の芽を摘むのか？

植物のすごい再生力

発芽してどんどんと成長を続ける植物は、茎の先端にある芽から次々と葉っぱを展開します。そして、背丈を伸ばして、大きく成長していきます。茎の先端にある芽を「頂芽《ちょうが》」といいます。枝分かれしない植物では、上にグングン伸びる頂芽だけがよく目立ちます。

もし、頂芽を含めて植物の上の方の柔らかい部分が切られたら、植物はどんな成長をはじめるでしょうか。

芽は、茎の先端にある頂芽だけでなく、すべての葉っぱのつけ根にもあります。それらの芽は、「頂芽」に対して、「側芽《そくが》」あるいは、「腋芽《えきが》」といわれます。側芽は、頂芽がさかんに伸びているときには伸びません。頂芽だけがグングン伸び、側芽が伸びない性質を「頂芽《ちょうが》優勢《ゆうせい》」といいます。

生育の盛んな頂芽を摘み取ることで背丈を制限し、側芽の発達を促したり、樹形を整えたりします。これは樹木だけでなく、野菜や草花の場合も同じです。食べられたり折られたりした下には、多くの側芽があります。一番先端になった側芽が頂芽となりますから、「頂芽優勢」の性質で伸びはじめます。

だから、食べられた茎の下方に側芽がある限り、一番先端になった側芽が頂芽となり伸び出すのです。そのため、しばらくすると、何事もなかったかのように、食べられる前と同じ姿に戻ることができます。これが、「頂芽優勢」という性質の威力なのです。

「摘芯《てきしん》」という語があります。「芯」とは、「ものの中央の大切なところ」を意味し、枝や茎やツルの先端の芽を指します。「摘」は摘み取ることです。すなわち、摘芯とは、枝や茎やツルの先端の芽を摘み取ることで、「ピンチ（ｐｉｎｃｈ）」とか「芯止め」ともいわれます。

「摘芯」をきっかけに、側芽の発達が促されます。多くの側芽が発達すると、花は芽にできますから、花が多く咲き、切り花の数を増やすことができます。実際、カーネーションやキクなどでは、摘芯することで、花の数

摘芯

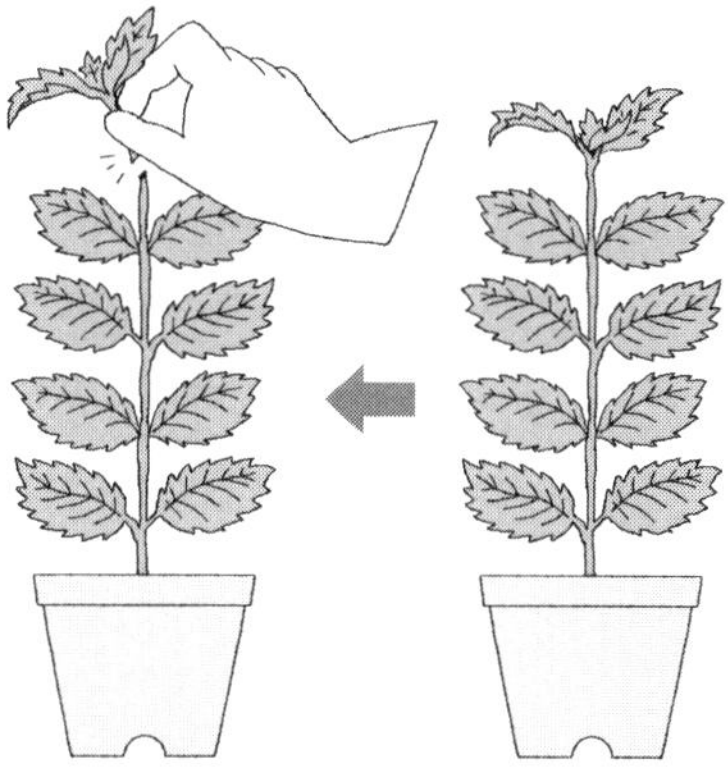

シソの葉（大葉）を多く得るためには、頂芽を切り取り、側芽の成長を促します。すると、葉の枚数が増えます。

は確実に増やされます。花だけでなく、多くの側芽が伸びると、葉の数も増えます。たとえば、刺身に添えられるシソの葉である「大葉」などの数を増やすのにも役に立ちます。

頂芽優勢という現象は、「オーキシン」とよばれる物質に支配されており、この物質は、頂芽でつくられます。そして、頂芽を切り取ると、側芽が成長をはじめることから、「頂芽でつくられるオーキシンが茎を通って下の方に移動し、側芽の成長を抑えている」と考えられています。

頂芽を切り取り、その切り口にオーキシンを与えてみます。すると、あたかも頂芽があるかのように、側芽の成長が抑えられます。そのため、「頂芽でつくられるオーキシンが、茎を通って下の方に移動し、側芽の成長を抑えている」と考えられるのです。

頂芽となった芽の成長は、「サイトカイニン」という物質で促され、この物質は、植物の〝若返りホルモン〟といわれます。本来、サイトカイニンは、側芽のそばの茎の部分でつくられ、そばの側芽に供給されて、側芽の成長を促す物質なのです。

一方、頂芽から移動してくるオーキシンは、サイトカイニンがつくられるのを抑えます。そのため、側芽は成長ができないのです。頂芽が切り取られると、オーキシンの抑制が取り除かれて、サイトカイニンが茎でつくられ、側芽が成長をはじめます。

側芽が頂芽となって成長をはじめると、頂芽となった側芽からオーキシンが供給されるため、そのあとは、側芽は成長できません。頂芽がなくなり側芽が新しい頂芽になるまでに、いくつかの側芽が成長をはじめます。そのため、頂芽を切り取ると、下方の植物は枝分かれの状態になります。

頂芽優勢という性質が強く発現していない植物があります。摘芯しなくても枝分かれが多い植物で、ベゴニアやツツジ、小さな花を多く咲かせるキクなどです。これらは、サイトカイニンの合成が旺盛な植物と考えられます。

頂芽優勢の仕組み

頂芽を切り取ったあとの切り口にオーキシンを与えると、あたかも頂芽があるかのように、側芽の成長が抑えられます。そのため、「頂芽でつくられるオーキシンが、茎を通って下の方に移動し、側芽の成長を抑えている」と考えられます。

頂芽優勢という現象は、オーキシンいう、側芽の成長を抑制する物質と、サイトカイニンという芽の成長を促す物質が深くかかわっているのです。

16 なぜ、ナスの株にトマトが実るのか？

台木がおこす不思議な現象

ナスの接ぎ木苗を栽培していると、ナスの果実を収穫しているうちに、ごくたまに、小さな真っ赤なトマトのような実がなることがあります。「なぜ、ナスの株にトマトができるのか」と不思議がられます。

そのようなとき、「ナスもトマトも同じナス科の植物だから、ナスの株にトマトの実ができることもあるかもしれないのだ」と納得する人がいます。たしかに、ナスもトマトもナス科の植物です。

だからといって、ナスの株にトマトの実がなったりはしません。たとえば、サクラはリンゴと同じバラ科の植物です。でも、サクラの木にリンゴが実ることはありません。イネとトウモロコシは同じイネ科ですが、イネにトウモロコシの実ができたり、トウモロコシにおコメができたりはしません。

同じナス科の植物だからといって、「ナスの株に、トマトの実ができる」ということはあり得ないのです。ナスの株に出てきたトマトのような実にみえるのは、本当は、赤ナスの実です。これは、**接ぎ木苗の台木となった赤ナスから芽が出て花が咲き、実ができたものなのです。**

同じようなことが、ゴーヤの接ぎ木苗でもおこることがあり、ゴーヤの接ぎ木苗から、カボチャのような葉っぱが出てくることがあります。不思議に思っていると、やがてカボチャのような実がなります。これは、本当にカボチャの葉っぱと実なのです。

「なぜ、ゴーヤの株にカボチャの葉が出て、カボチャの実がなるのか」と不思議がられます。ゴーヤもカボチャも同じウリ科の植物です。でも、同じウリ科の植物でも、ゴーヤの株にカボチャがなることはありません。

台木から芽が出てくる

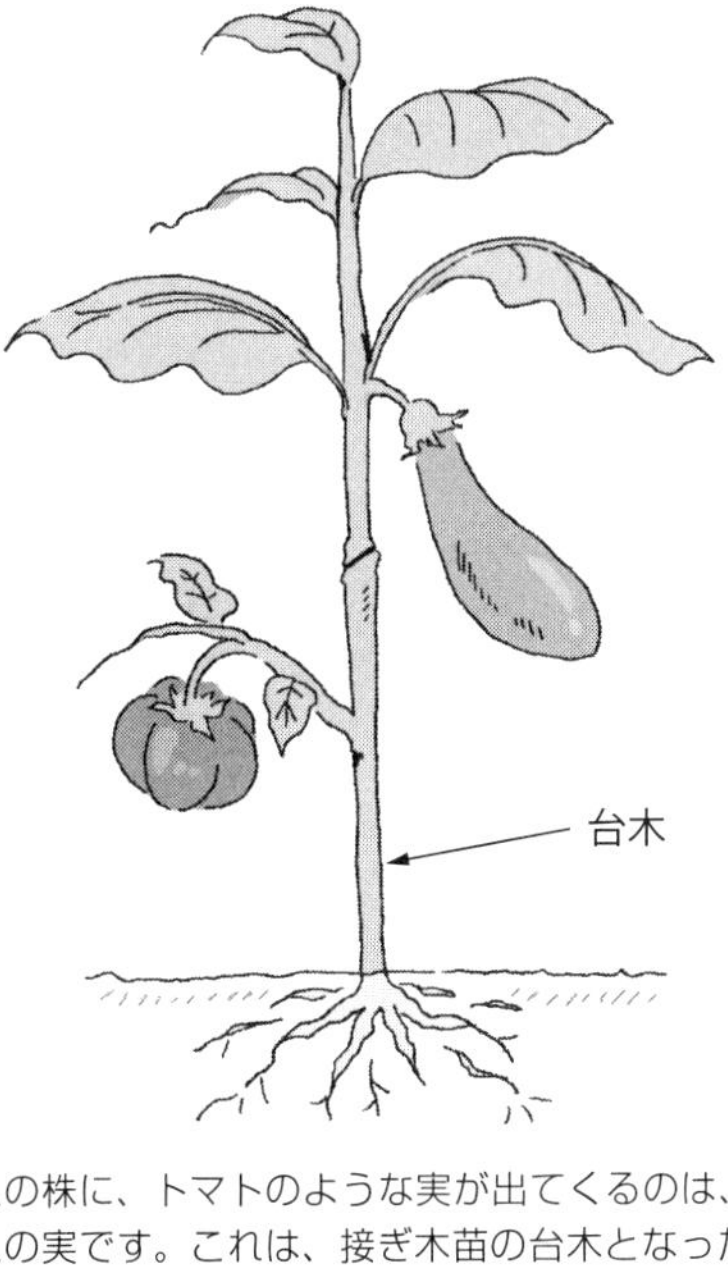

ナスの株に、トマトのような実が出てくるのは、赤ナスの実です。これは、接ぎ木苗の台木となった赤ナスから芽が出て花が咲き、実ができたものです。

「ナスの株にトマトの実がなったりはしない」と先に紹介した通りです。では、この場合、何がおこったのでしょうか。

ゴーヤの株にカボチャの葉が出て、カボチャの実がなるという現象が見られるのは、ゴーヤの接ぎ木の台木がカボチャだからなのです。ゴーヤでは、多くの場合、同じウリ科の植物で、耐病性を備え、連作に強いカボチャを台木にして接ぎ木が行われ、接ぎ木苗がつくられています。

そのために、台木となったカボチャの茎から芽が出て、葉っぱが茂り、花が咲き、実ができたのです。しかし、接ぎ木苗をつくるときには、台木になる植物の芽はすべて摘み取られています。ですから、栽培中に、台木のカボチャから芽が出てくることは本来はないのです。また、赤ナスの茎から、芽が出てくることもないはずなのです。

ところが、栽培中に、芽のなかった台木の茎から、突然に、芽が生まれてくることがあるのです。ですから、接ぎ木苗を栽培するときには、台木の茎に芽が生まれたのを見つけたらすぐに、それは必ず摘み取られなければなりません。

摘み取られなければ、その芽が成長し、「ナスの株に赤ナスができる」という現象がおこります。また、「ゴーヤの株から、カボチャの葉っぱや実がなる」という現象がおこってしまうのです。

では、「なぜ、芽がない台木に、栽培中に、新たな芽が茎から生まれてくるのか」という大きな疑問が残ります。これは、不思議な現象なのですが、私たちは、これと類似した現象を目にすることがあります。
切り花を水に挿して飾っておくと、切り花の茎の切り口から、根が生まれてくることがあります。根を持たない茎から、根が出てくるのです。これをもっと積極的に利用しているのが、「挿し木」という技術です。植物の持つ不思議な、これらの性質を次の項でご紹介しましょう。

台木から芽が出たら

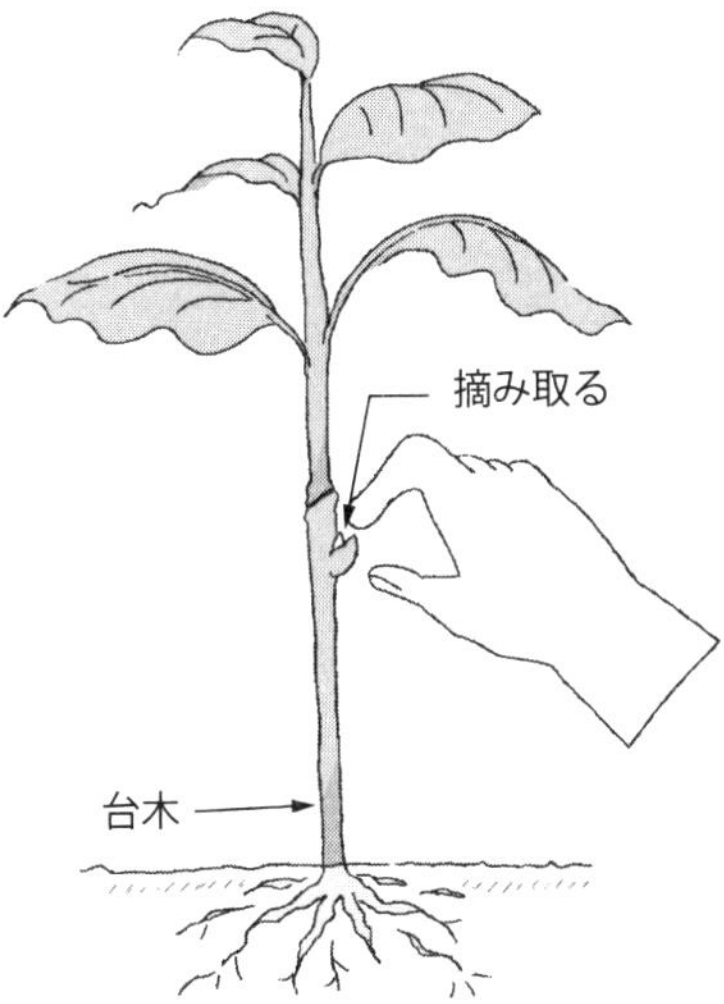

台木から芽が出たらすぐに摘み取らなければなりません。

接ぎ木苗の台木からは通常、芽が出ることはありませんが、その芽を摘み取らないとナスの株に赤ナスができるという現象が起こり得るのです。

17 なぜ、切り取った茎から芽が生まれるのか？

細胞の力で新しい芽

なぜ、接ぎ木苗の台木の茎から、芽が生まれるのでしょうか。それは、植物のからだを構成している細胞が持つ性質に基づくものです。植物のからだは、私たち動物のからだと同じように、細胞からつくられています。

私たち人間のからだは、「約60兆個の細胞からできている」といわれてきました。しかし、2013年11月に、「人間のからだは、約37兆2000億個の細胞からできている」という論文が発表され、その後は、「人間のからだは、約37兆個の細胞からできている」とされています。

植物のからだも動物のからだも、すべて細胞からできています。1838年、ドイツの植物学者シュライデンは、「植物のからだは、細胞からできている」と提唱しました。その翌年、シュライデンの友人であったドイツの動物学者シュワンは、「動物のからだも、細胞からできている」と提唱しました。

この2人の研究者の考えがもとになって、「細胞が、植物や動物のからだをつくる基本単位である」という細胞説が確立されました。その後、細胞説には「すべての細胞は、細胞から生じる」という考えが加えられました。

それぞれの細胞は、葉や茎や根などをそれぞれ構成し、その存在している場にふさわしい形をし、はたらきをしています。それゆえ、葉や茎や根を構成する細胞は、形やはたらきがそれぞれ異なります。ですから、ふつうには、突然、芽のない茎から芽が生まれたりはしないのです。

ところが、**それぞれの細胞は、どんな形やはたらきをしていても、1つの個体をつくる能力を潜在的にもっています。その能力は、「分化全能性《ぶんかぜんのうせい》」といわれます。すでに芽のなくなった茎から新しい芽が生まれるのは、この性質のためなのです。**

茎を構成する細胞

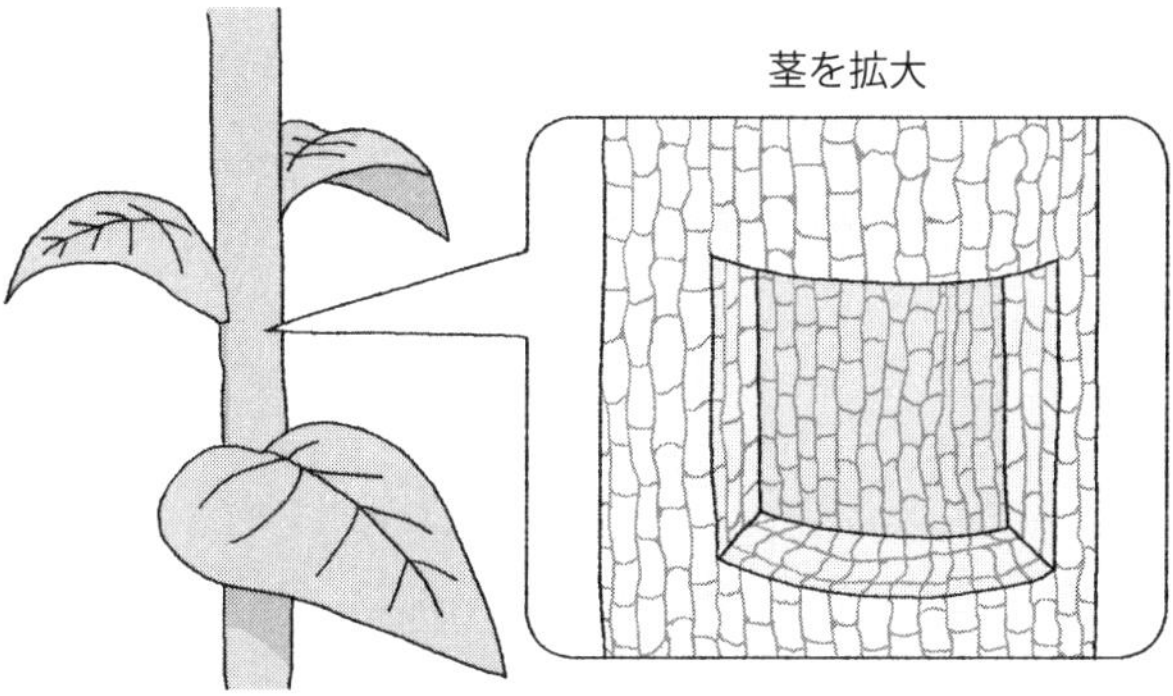

茎は細胞で構成されており、茎の細胞は、茎にふさわしい形やはたらきをしています。ですから、ふつうは、芽のない茎から芽が生まれることはありません。

動物では、簡単には見られない現象ですが、植物では比較的容易に見られます。

植物たちの、その能力が現れたのが、切り花の茎の切り口から根が生まれてくる現象なのです。切り花でなくても、茎や枝を切ってきて、水の入った容器に挿しておけば、植物のこの力を見ることができます。日が経つと、茎や枝の切り口から根が生え出てくる植物は多くあります。本来なら根を出すはずのない茎の切り口から、新しく根が生まれてくるのです。

この力を利用したのが、挿し木や接ぎ木などです。

「挿し木」は、植物の枝や茎を切り取り、砂や土に挿しておくだけです。やがて、根が生え、芽が伸びて、1本の植物が育ちます。「分化全能性」という性質が、挿し木を可能にしているのです。キク、バラ、ツツジ、アジサイ、イチジクなどが、挿し木で増やしやすい代表的な植物として知られています。

「接ぎ木」では、台木の切り口と穂木の切り口が癒着します。台木と穂木の切り口の細胞にも、分化全能性があります。これらの細胞が、再び、茎をつくろうとする力でつながりあうのが接ぎ木なのです。

接ぎ木苗の台木の茎を構成する細胞が、分化全能性を発揮すると、茎から新たな芽が生まれます。「ナスの株に赤ナスができた」という現象は、ナスの接ぎ木苗の台木である赤ナスの茎が分化全能性を発揮して新しい芽をつくり出したためにおこったことです。

「ゴーヤの株から、カボチャの葉っぱが出て、カボチャの実がなる」という現象は、ゴーヤの接ぎ木苗の台木であるカボチャの茎が分化全能性を発揮して新しい芽をつくったためにおこったものです。

スチュワードの実験

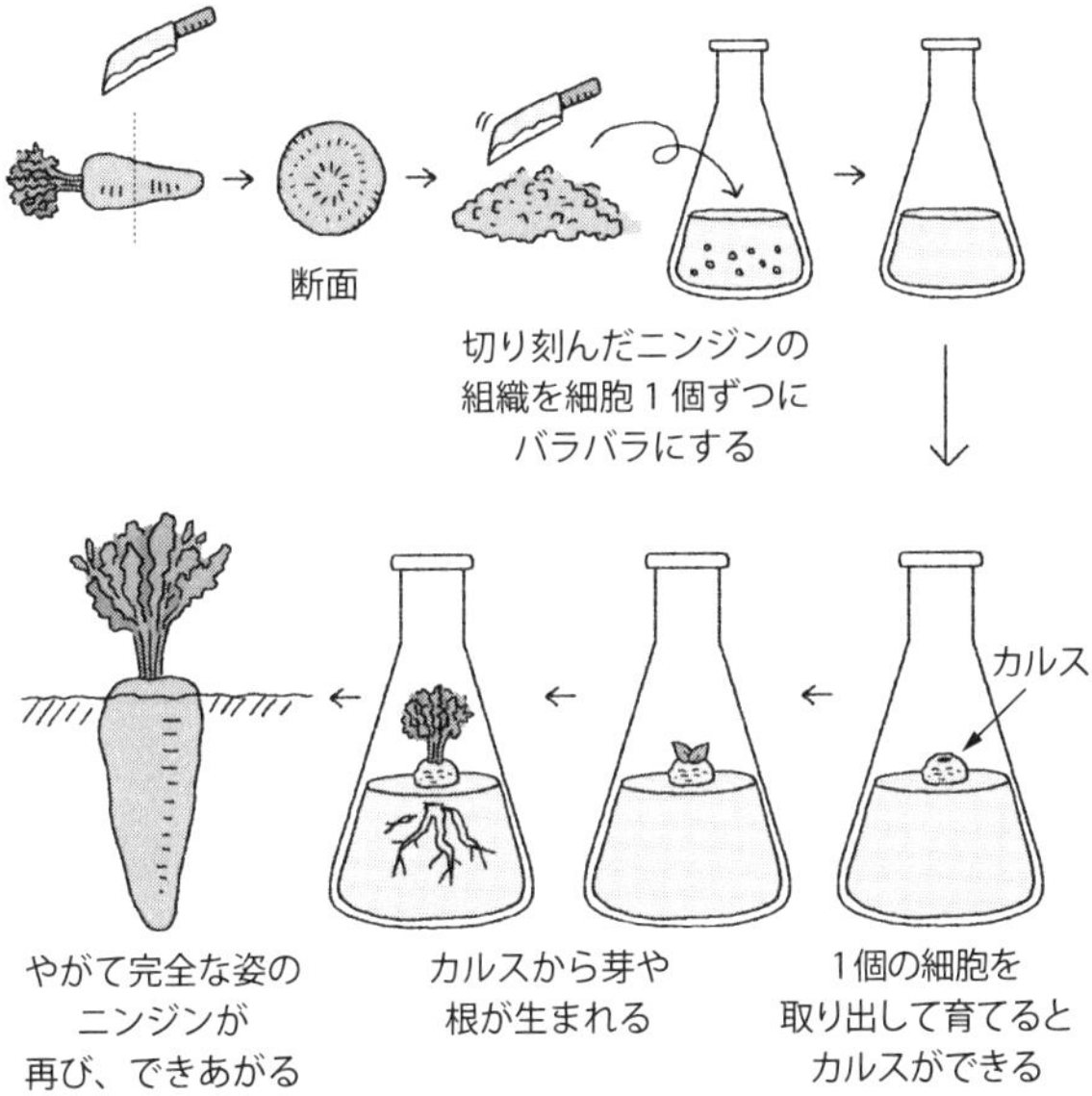
断面
切り刻んだニンジンの組織を細胞１個ずつにバラバラにする
カルス
1個の細胞を取り出して育てるとカルスができる
カルスから芽や根が生まれる
やがて完全な姿のニンジンが再び、できあがる

それぞれの細胞は、どんな形やはたらきをしていても、1つの個体をつくる「分化全能性」という能力を持っていることがこの実験でわかります。

植物の細胞は分化全能性という能力で、芽が摘み取られたり、切り取られたりした茎から、新たな芽や根を生やすことができるのです。

18 なぜ、粉吹きキュウリを粉なしキュウリにできるのか？

接ぎ木が変える性質

一昔前のキュウリの果実の表面には、白い粉が吹いていました。この白い粉は、「ブルーム」とよばれ、日本語では、「果実の粉」の意味で、「果粉《かふん》」といわれます。ブルームは果実がつくり出す物質で、鮮度がいいものに多く出ます。

ブルームは、雨水をはじき、病原菌が感染するのを予防し、果実の水分の蒸発を防ぎます。そのため、果実の美味しさや新鮮さを保つはたらきがあります。ところが、キュウリの白い粉は、「カビが生えている」といわれたり「農薬がついている」といわれたりして、気持ち悪がられました。

でも、カビや農薬が表面についたキュウリの果実が、市販されるはずがなく、これは大きな誤解でした。しかし、この噂のために、白い粉をつくらない「ブルームレス・キュウリ」づくりが行われました。「レス」というのは、「ない」という意味です。

その方法は、接ぎ木を利用した巧妙なものでした。キュウリのブルームは「ケイ酸」という物質が主な成分であり、**ケイ酸が多く吸収されなければ、キュウリはブルームをつくれません。そこで、キュウリの接ぎ木苗をつくるときに、ケイ酸を土壌から吸収する能力の弱いカボチャが台木に用いられたのです。**

すると、接ぎ木された穂木のキュウリには、台木を通して多くのケイ酸が運ばれないため、キュウリはブルームをつくれず、ブルームレス・キュウリになります。このように、接ぎ木によって、台木の性質を利用し、穂木の性質を変化させることができるのです。

ブルームレス・キュウリの作り方

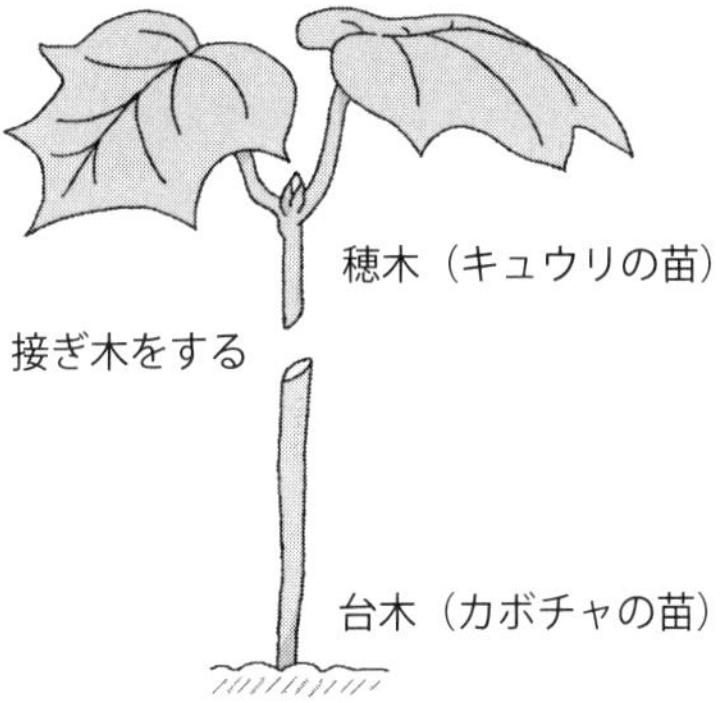

キュウリのブルームは「ケイ酸」という物質が主な成分です。そこで、キュウリの接ぎ木苗の台木に、ケイ酸を吸収する能力の弱いカボチャが用いられます。すると、穂木のキュウリに台木を通して多くのケイ酸は運ばれません。そのため、キュウリはブルームレス・キュウリになります。

誤解により嫌われたブルームの主成分であるケイ酸を土壌から吸収しにくいカボチャの品種を台木にして、その吸収を抑制して、粉なしキュウリが誕生しました。

19 なぜ、寒さに耐えた野菜は甘いのか？

凍らないための知恵

ダイコンやハクサイ、ニンジンなど、冬の野菜は、寒風が吹きすさぶ冬の畑で栽培されています。畑の水たまりが凍りつく日もあるし、霜がおりる日もあります。そんなにきびしい寒さの日でも、畑の野菜は、葉っぱも根も凍ってはいません。それは、植物たちが、凍るような寒さの中で生きるための術を心得ているからなのです。

冬の寒さに耐えて生きるためには、凍らない性質を身につけねばなりません。そのために、これら冬の野菜は、**冬に向かって、葉っぱや根の中に、凍らないための物質を増やします。たとえば、その1つは、「糖分」**です。

「糖分」というのは、甘味をもたらす成分で、「砂糖」と考えて差し支えありません。葉っぱや根が糖分を増やす意味は、砂糖を溶かしていない水と、砂糖を溶かした砂糖水を比較し、どちらが凍りにくいかを考えれば、すぐにわかります。

砂糖水の方が凍りにくいのです。そして、溶けている砂糖の量が多くなれば多くなるほど、ますます凍りにくくなります。これは、水の中に砂糖が溶け込むほど、その液の凍る温度が低くなるということです。

水が凍って固体の氷に変わることは、「凝固する」と表現され、それが生じる温度が「凝固点」です。ふつうの水の場合なら、凝固点は零度です。ところが、水に砂糖などの物質が溶けると、凝固点が低くなります。それが「凝固点降下」とよばれる現象です。

凝固点降下とは、「純粋な液体は、揮発しない物質が溶け込めば溶け込むほど、固体になる温度が低くなる」ということなのです。わかりやすく、葉っぱや根でいえば、「葉っぱや根に含まれる水の中に多くの糖分などが溶け込めば溶け込むほど、その水分が凍る温度が低くなり、葉っぱや根は凍りにくくなる」ということです。

だから、糖分を増やした葉っぱや根は、冬の寒さで凍らずにいられるのです。

実際には、寒さを受けることによって、葉っぱや根には糖分だけでなくアミノ酸やビタミンなど

「凝固点降下」現象

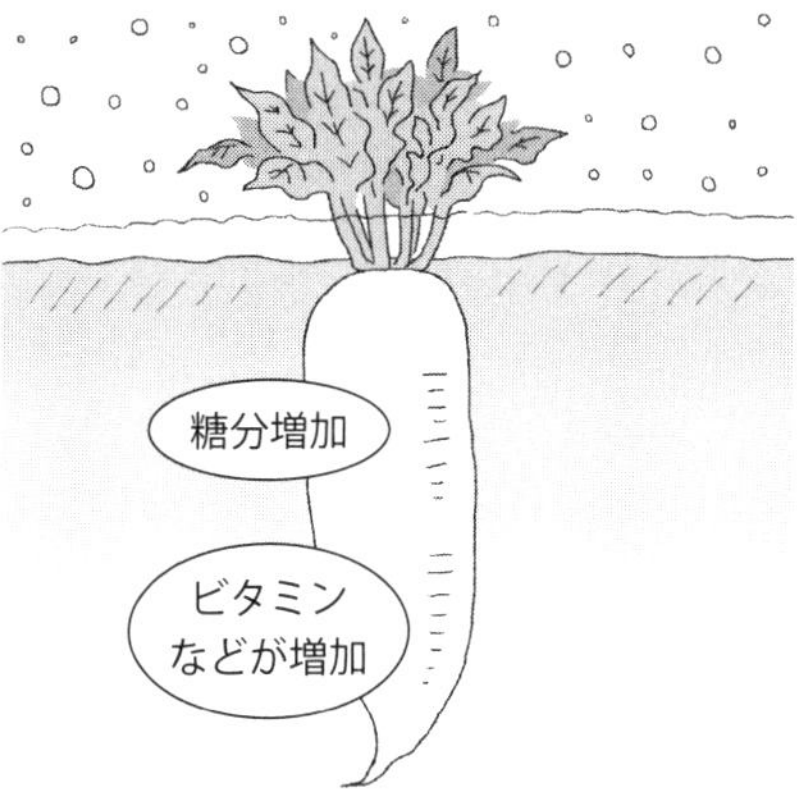

の量も増えます。ですから、寒さに出会った野菜は、甘くなるだけでなく、「味が濃くなる」とか「旨みが増す」などといわれます。

そして、それらの物質による凝固点降下の効果によって、ますます凍りにくくなります。冬の寒さを過ごす植物たちは、こんな原理を生かして実践しているのです。この性質は、多くの植物に共通しており、たとえば、冬の寒さを通り越したダイコンやハクサイ、キャベツなどは、「甘い」とか「旨い」といわれます。これは、糖分やアミノ酸、ビタミンなどが増えているからです。

長野県小谷村伊折地区から、「雪中キャベツ」というのが出荷されています。これは、栽培されているキャベツに雪が積もり、雪に埋まって熟成されたあとで掘り出して収獲したキャベツです。

また、新潟県からは、早春に、「春一番の野菜」といわれる「雪下ニンジン」が出荷されます。これは、秋に収穫されずに、冬の寒い間、雪の下に埋められて甘みが増したニンジンです。

富山県では、きびしい冬の寒さを生かしてキャベツ、ニンジン、ダイコン、ネギ、ホウレンソウなどを「カンカン野菜」と銘打って販売の促進に努めています。カンカンは、「寒」と「甘」で、きびしい寒さの中で育ったために甘くなったという意味です。

このように冬の寒さを越す野菜は、地域によって、「越冬野菜」や「雪中野菜」といわれることがあります。よび名が違っても、これらの野菜に共通の特徴は、糖度がとても高く、甘みや旨みが増していることです。きびしい冬の寒さに出会うと、糖度を高め甘くなるという性質を利用して、味が濃く、旨みを増しているのです。

タマネギでは、生産量が日本一の北海道産は辛みが強く、生産量が第3位の兵庫県の淡路島産は甘みが強いといわれます。北海道では、春から栽培をはじめ秋に収穫し、淡路島では、秋から栽培して春に収穫します。

北海道産の方が辛みが強いとはどういうことでしょう。北海道では、夏に育つので、虫にかじられることから身を守るために辛みを増しているといわれることがあります。それも一因かもしれませんが、淡路島産は、冬の寒さを越します。そのために、淡路島産の甘みや旨みが増すことが大きな原因です。生産地により野菜の味が異なる現象には、栽培される時期の違いが原因となることもあるのです。植物たちが身を守る仕組みが、生産地の味に影響しているのです。

寒さを耐え忍んだ野菜の甘みやうまみが増すのは、寒さの中で凍らないために野菜たちが身につけた糖分などを蓄える性質によるものなのです。

20 なぜ、根こそぎ収穫しないのか？

一株で何度も収穫

野菜のタネをまいて芽生えを栽培すると、やがて収穫のときを迎えます。収穫までは、野菜の種類によって様々な期間が必要ですが、中には、収穫をはじめると、その株から何度も収穫できる野菜があります。代表的なのは、ニラ、シュンギク、アスパラガスです。

ニラの葉を収穫するときに、地上から3～4㎝を残します。何日か経過すると、また葉が伸び出してきます。これは、「分《ぶん》けつ」あるいは、「分《ぶん》げつ」とよばれる現象です。葉の基部と根の境目あたりから、新しい芽が出て、また葉が伸びてくるのです。一度、葉を収穫したあとに、肥料を与えなくても葉は出てきますが、肥料を少し与えておくと、より元気な新しい葉が出てきます。

シュンギクでは、**株の上の部分を収穫しても地上から茎を数節残しておきます。**そこには側芽があります。植物には、⑮「なぜ、一番上の芽を摘むのか？」で紹介した、**頂芽優勢という性質があるので、下に芽が残っていればその芽から茎が出て、葉が展開します。**

アスパラガスは、タネをまいて、1年目には収穫しません。根にいっぱい栄養をためさせないといけないからです。暖かい地方でも2年以上、寒いところだと3年以上かけて、根に栄養をためこませます。アスパラガスは地下茎があり、地下茎には貯蔵根とよばれる栄養を蓄えた根がありま す。**栽培の1年目には地下茎をはびこらせ、貯蔵根に栄養を蓄えさせるのです。**

アスパラガスは、その蓄えた栄養で新しい芽を出して伸ばします。そのため、貯蔵根を育てながら栽培すると、毎年収穫することができるのです。

アスパラガスの貯蔵根

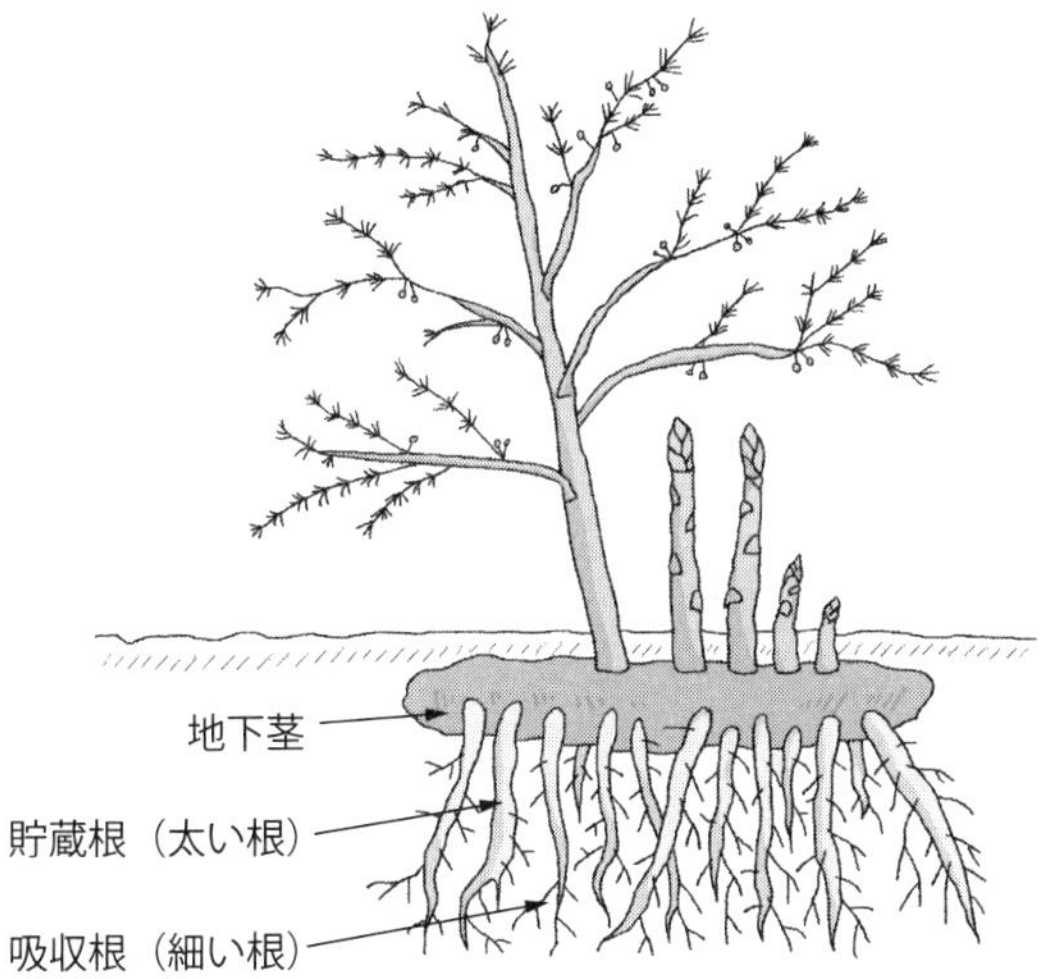

アスパラガスには地下茎があり、地下茎には貯蔵根とよばれる栄養を蓄えた根があります。

何度も収穫できる野菜の代表格、ニラ、シュンギク、アスパラガス。三種三様の原理ですが、いずれも根こそぎ収穫しなければ何度も収穫することが可能です。

21 なぜ、白いアスパラガスができるのか？

真っ暗な中で育てる

⑫「なぜ、光を遮って栽培されるのか？」で、ホウレンソウ、ミツバ、シソ、コマツナ、セリ、セロリなどでは、光を遮って「遮光栽培」をすることを紹介しました。これらより、もっとはっきりと、「軟白栽培《なんぱくさいばい》」あるいは「軟化栽培」といわれて、太陽の光をほぼ完全に遮った条件で栽培される植物があります。

たとえば、アスパラガスです。アスパラガスは真っ暗の中で栽培されると、**光が当たらないので、緑の色素であるクロロフィル（葉緑素）がつくられません**。そのため、真っ白なホワイトアスパラガスになります。真っ暗な中で栽培されるモヤシと同じです。

光を当てないために、春に新しい芽が出る前に、畑の土を盛り上げて遮光したり、芽を出したばかりの若い茎に光を通さない筒をかぶせて、筒の上からも光が入らないように何かで覆ったりします。

では、「なぜ、光が当らないのにアスパラガスが成長してくるのか」との疑問がもたれます。これについては、⑳「なぜ、根こそぎ収穫しないのか？」で紹介したように、アスパラガスは、栄養を蓄えた貯蔵根を地中に持っているからです。

アスパラガス以外にも、光合成のできない真っ暗な中で栽培されるものがあります。ミョウガやウドなどです。これらの植物でも、光が当たらない中で育てられるのですから、栄養を蓄えている部分があります。

ミョウガは、「地下茎」に栄養分が蓄えられています。ですから、真っ暗の中でも、成長するのです。光を当てずに育てるミョウガは、栽培のごく一時期、光が当てられると、真っ

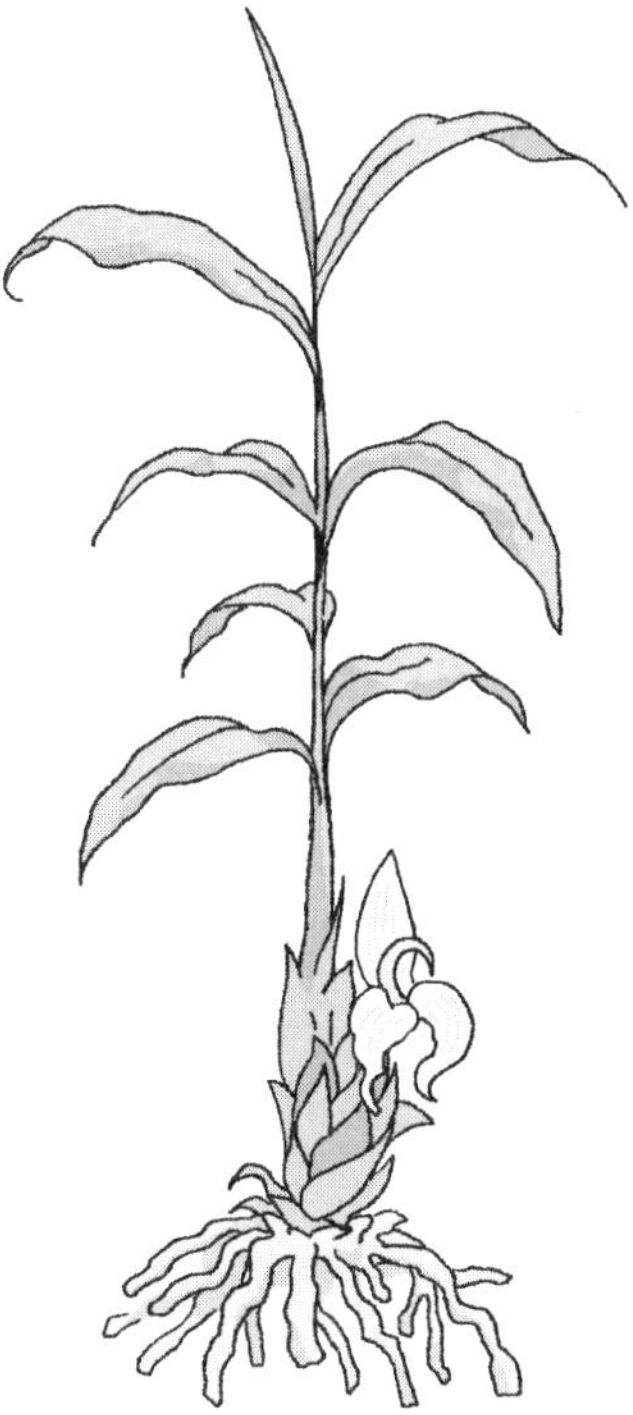

白の葉の柄が部分的に赤みを帯びます。これは、「ミョウガタケ」といわれ、高級食材として使われます。

「白うど」とか「軟化うど」とよばれる白いウド（独活）があります。これは、光に当てないようにして栽培したウドです。春に芽生えてくるときに、畑の盛り土を高くして、光を当てずに育て、盛り土の上まで芽が伸びてきたときに、根もとの部分から収穫します。

盛り土をしない場合は、袋や箱で囲って、芽に光を当てずに育てます。大がかりなものでは、真っ暗闇の地下室や洞穴で栽培する方法もあります。いずれの場合も、まったく光を当てないで、芽を栽培するものです。

しかし、「光に当てないのにどうして育つのか」という疑問がやっぱりもたれます。まして、地下室や洞穴で栽培する場合、アスパラガスのような貯蔵根が育っているはずもないし、ミョウガの場合のように、地下茎が伸びているはずもありません。

「白うど」とか「軟化うど」を栽培する場合、前年に、もとになる〝根株《ねかぶ》〟というものをわざわざ栽培するのです。ウドを栽培すると、地下部に株分けできそうな芽と根が育ってきます。そこから、1つの芽をつけて根を切り出します。これが、1年目に使う根株です。

この根株は、春に畑に植えられると、夏に向かって大きく成長します。そして、「ウドの大木」とよばれる姿になります。ウドは、大木になると食用にもならないし、木のように長くても材質が柔らかいので木材としても使えません。そのため、「ウドの大木」は、「何の役にも立たない」ことを象徴する語に使われます。

しかし、育っているウドの大木は、役に立たないことはありません。光を浴びて光合成をして、つくった栄養を地下部に蓄えます。このおかげで、りっぱな根株がつくられるのです。秋には花が咲き、冬には地上部は枯れます。しかし、地下部には、ウドの大木がつくってくれた栄養を貯めこんだ根株があり、この根株が掘り出されて、春に光が当たらない真っ暗の中で栽培されるのです。

野菜以外でも遮光する栽培方法があり、茶畑では、柔らかい新茶の葉を摘むために、チャの木を黒い寒冷《かんれい》紗《しゃ》で覆う被覆栽培という方法がとられています。

ウドの花

「軟白栽培」は、根や地下茎の性質を巧みに利用し、太陽光をほぼ完全に遮り、白もしくは黄白色の軟らかい植物を育てられる栽培方法なのです。

コラム 2 なぜ、チューリップの球根は、掘りあげられるのか？

春に花を咲かせたチューリップは、そのあとに葉を茂らせ、梅雨の前ころにはほぼ枯れます。このころ、球根が掘りあげられ、秋に植えられるまで、少し乾燥した状態で貯蔵されます。なぜ、わざわざ掘りあげられるのでしょうか。

1つの理由は、花壇を有効に利用するためです。地上部が枯れて、地中に球根が埋まっている花壇では、夏の間に、何かを植えたり耕したりすると、球根を傷つけてしまう可能性があります。

でも、もう1つの大切な理由があります。梅雨のころに球根が地中に埋まっていると、雨で土が湿り、球根にカビが生えたり、球根が腐ったりします。わざわざ掘りあげるのは、それを避けるためです。ですから、梅雨のない乾燥した地方では、花壇を有効に利用する必要がないのなら、わざわざ掘りあげる必要はないのです。

第３章

農園での栽培のふしぎ

～なぜ、夏の水田は干上がっているのか？～

22 なぜ、茶畑に扇風機があるのか？

空気を混ぜて霜対策

チャが一面に栽培されている茶畑に、少し細い電柱のような棒が結構多く立っています。その棒の先端には、扇風機のような羽根がついています。風力発電か、あるいは、暑い日に、茶畑を冷やすための扇風機かと考えられますが、これは、風力発電機や、茶畑を冷やすための扇風機ではありません。茶畑の空気を攪拌《かくはん》するために風をおこす扇風機なのです。それを知ると、「何のために、茶畑の空気を攪拌するのか」と不思議がられます。

茶畑では、3月中旬に新芽を展開し、八十八夜の5月1日頃に茶摘みが行われます。このとき、摘まれた葉が新茶となりますが、新芽が出たあとに、気温が急に下がって冷え込むことがあり、新芽や若い葉に霜が降ります。すると、新芽や葉が茶色になり、ひどい場合、芽は枯れてしまい、もっとも価値の高い新茶が摘めなくなってしまうため、3月中旬以降に、葉に霜が降りないようにしなければなりません。

霜は、気温がもっとも低くなる早朝に、葉の上の空気が0℃以下になると形成されます。

これをどのように防ぐかが、チャの木の栽培の悩みで、気温の低い日の早朝に、茶畑でまきなどを燃やして空気を暖めることが試みられましたが、たいへんな労力を要しました。霜の悩みを解決する試みの中で、葉の上の空気が0℃以下になるときでも、それより上にある地上5～8mの空気の温度は、4～5℃も高いことがわかり、**温度が高い上の空気を下の方に送れば、葉の上の冷たい空気と混ぜ合わされ、霜が降りないはずだと考えられました。それを実践したのが、高いところで扇風機をまわすことだった**のです。この扇風機は、霜を防ぐ扇形の翼という意味で、「防霜《ぼうそう》ファン」とよばれます。

茶畑の防霜ファン

茶畑に、扇風機のような柱が立っています。これは、茶畑の空気を攪拌するために風をおこすものです。

茶畑で見られる背の高い扇風機は防霜ファンとよばれ、高い所と低い所にある空気を攪拌し、空気の温度が0度以下にならないようにすることで霜を防いでいます。

23 なぜ、イネは水田で育てるのか？

3つの快適な環境を整える

イネは、田植えのあと、水を張った水田で栽培されます。多くの植物は、水田で栽培されることはありません。なぜ、イネは水田で栽培されるのでしょうか。水田で栽培される理由は、主に、3つあります。

1つ目は、イネは、**水田で栽培されていると、水の不足に悩むことがない**ことです。畑に育つ多くの植物は、水不足に耐え、戦いながら生きています。2つ目は、**水は温まりにくく冷めにくいので、昼間に上がった水温で夜も暖かく保たれること**です。暖かい地域の出身であるイネには、都合のよい環境なのです。3つ目は、**水が溜まった水田は、養分が豊富なこと**です。水は養分を溶かし込みながら、高い場所から低い場所に流れているので、多くの養分が水に溶け込んでいます。

水田で育つことができれば、こんなにいいことがあるのですから、他の植物も「水田で育ちたい」と思っているものが多くいるはずです。でも、水田で育つためには、そのための仕組みを持たなければなりません。
その仕組みを持つ代表的な植物は、レンコンです。レンコンは、泥水の中で育っていますが、呼吸をするために、穴を持っています。あの穴に、地上部の葉っぱから空気が送られているのです。実は、イネもまったく同じ仕組みを持っています。イネの根は、顕微鏡で見なければなりませんが、レンコンと同じように穴が開いているのです。

レンコンの育つ姿

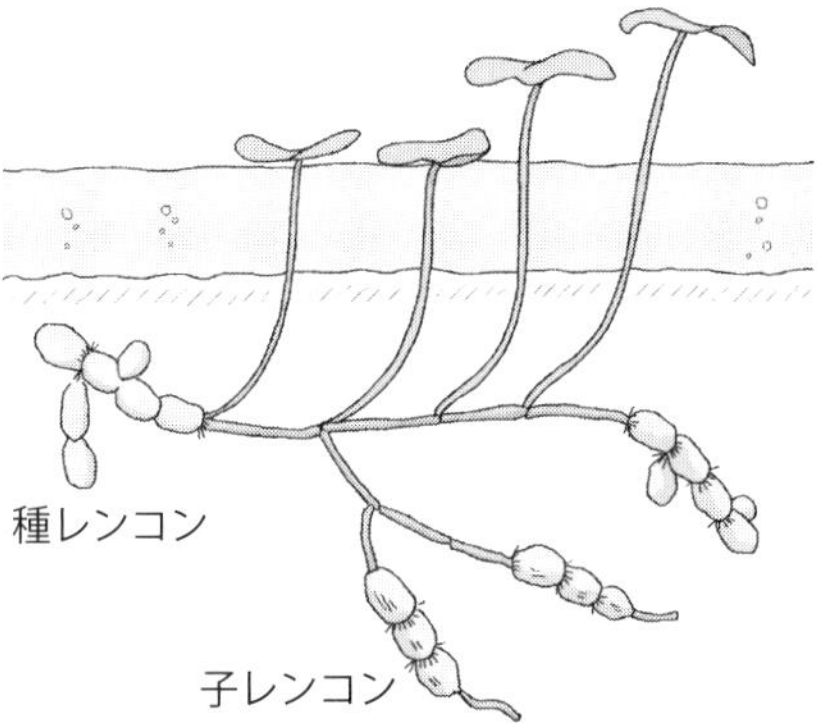

レンコンは、泥水の中で育ち、呼吸をするための穴をもっています。その穴に、地上部の葉っぱから空気が送られています。

イネの根の断面図

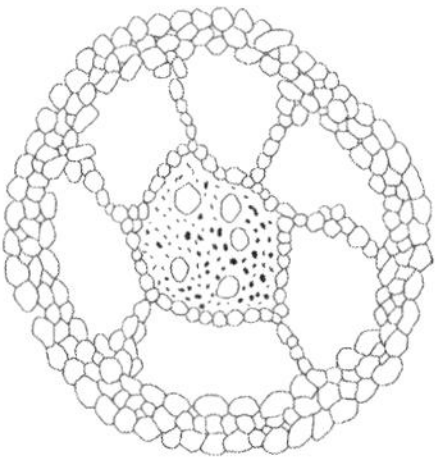

出典：高橋英一「自然の中の植物たち」

イネの根にも、顕微鏡で見なければなりませんが、レンコンと同じように穴が開いています。

水不足に悩むことがない、水温で夜も温度を暖かく保つ、多くの養分が水に溶け込んでいるという、3つの利点から、イネは水田で育てられているのです。

24 なぜ、夏の水田は干上がっているのか？

根を刺激して重い穂を支えられるイネに

夏にイネが栽培されている田んぼを見られたことがあるでしょうか。田植えのあと、水田にはたっぷりの水が張られ、その中でイネは育っています。

ところが、夏になると、水田の水は抜かれ、田んぼの土の表面は、ひび割れができるくらいに土が乾かされています。これはイネの栽培の大切な1つの過程なのです。こうして水を抜き、田んぼの土を干上がらすことで、イネの根を刺激し、その成長を促しているのです。

イネの根は、田植えのあと、水をいっぱい与えられています。⑩「なぜ、毎日、水をやらないのか？」で紹介した通り、根には、水が不足すると水を求めて根を張りめぐらせるという性質がありますが、田植えのあとのイネの根は、水を探し求めて強く張りめぐらせる必要がないために、貧弱です。

もし、そのまま成長すれば、秋に実る、垂れ下がるほどの重い穂を支えることができず、イネは倒れてしまうでしょう。イネは倒れると、実りも悪く、収穫もできにくくなるので、

穂が出る前に、イネの根のハングリー精神を刺激するのです。土がひび割れするほど乾燥させられると、イネは水不足の危機を感じ、急いで水を求めて多くの根を張ります。

そうしてこそ、**イネは、やがて垂れ下がるほど重いお米を実らすからだになることができます。**また、土をひび割れさせることで、根に酸素を与えることになります。

この栽培過程は、「中《なか》干《ぼ》し」といわれ、イネの栽培に大切な過程です。

中干し

夏に、イネを栽培する水田の水が抜かれ、田んぼの土の表面にひび割れができるくらい、土が乾かされています。これは、「中干し」というイネの栽培の大切な1つの過程で、水を抜き、田んぼの土を干上がらすことで、イネの根を刺激し、その成長を促すのです。

わざわざ水田の水を抜き、ひび割れができるくらい土を乾燥させることで、イネは強く根を張りめぐらせ、秋に実る重い穂をしっかり支えられるようになるのです。

25 なぜ、大切な麦を踏みつけるのか？

春の実りを迎えるために

発芽したばかりの芽生えを足で踏みつける「麦踏み」というものがあります。近年、日本では、コムギやオオムギの栽培が減り、見かけることが少なくなりました。人が踏みつけることはほとんどありませんが、現在でもコムギやオオムギが栽培されている畑では、トラクターなどで踏みつける作業が行われています。

人が足で踏みつける麦踏みが、50～60年前までは、冬の麦畑で見られる風物詩で、「**霜柱ができるときに、根が切れないようにするため**」とか、「**踏みつけることで強い芽生えにするため**」とかいわれていました。発芽したばかりの芽生えをわざわざ踏みつける作業をしなければならないのなら、春にタネをまけばよいと思われがちですが、秋にタネをまかねばならないコムギのタネを春にまくと、どうなるのでしょうか。

秋まき性のコムギの芽生えは、冬の低い温度にさらされなければ、その年には、葉が茂るだけでツボミはできません。つまり、春にまくとツボミができず、花が咲かないので、結実しません。このように、寒さを受けることでツボミができるようになる現象を「春《しゅん》化《か》」といいます。

春に秋まき性のタネをまいて、秋にタネをまいた場合と同様に、初夏に花を咲かせる方法があります。春にタネを畑にまく前に、少し芽を出したタネを冷蔵庫に入れ、低い温度を感じさせるのです。0～10℃くらいの低温が有効で、4～5℃がもっとも効果があります。期間は、品種により異なりますが、数週間以上は必要です。この一定期間の低温を与えることは、「春化処理（バーナリゼーション）」といわれています。

春化処理（バーナリゼーション）

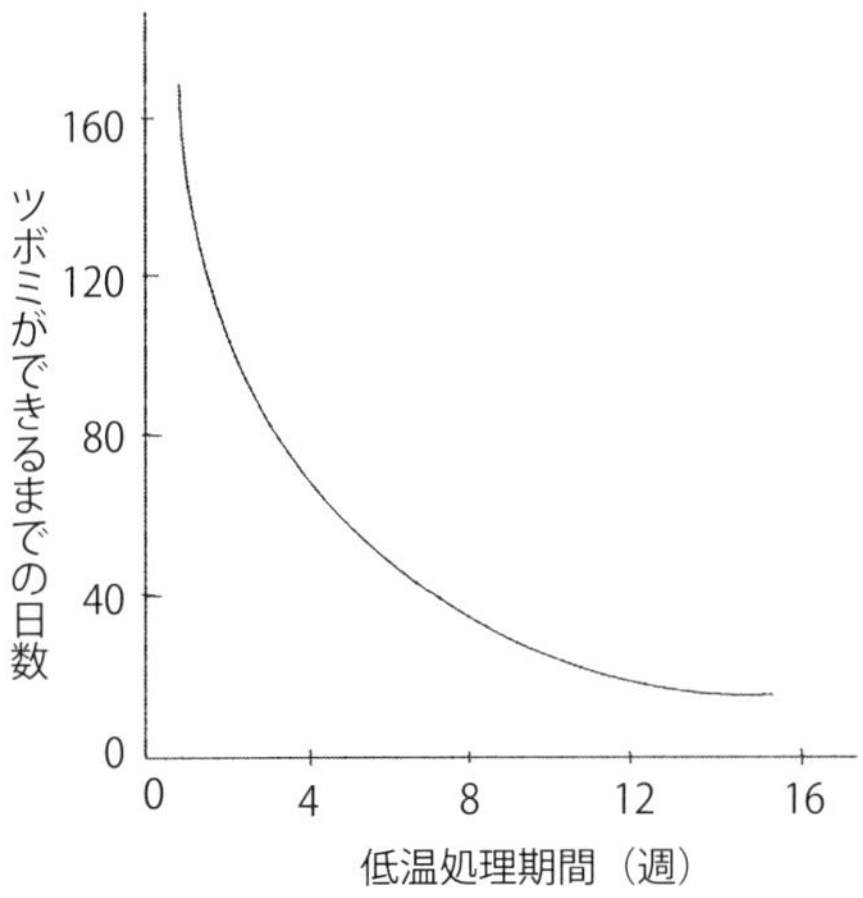

秋まき性のコムギは、芽生えのときに冬の低い温度にさらされなければ、ツボミはいつまでもつくられないのです。

寒さの中でもしっかり育てるために行う「麦踏み」。寒さを受けることでツボミができる「春化」を要する秋まき性の麦だからこそ、必要とされる作業です。

26 なぜ、ダイコンはトンネル栽培されるのか？

味を保って収穫するために

コムギだけでなく、春に花を咲かせるダイコン、ニンジン、キャベツ、ハクサイ、レタス、ホウレンソウなどは、冬の畑では、茎を伸ばさず、地表面に近い高さで冬の寒さをしのぎます。そして、低温で春化されると、ツボミをつくります。

春になっても収穫されずに畑に残されてしまった株は、その後、暖かくなると、茎を急速に伸ばし、花を咲かせます。これらが、春の訪れを告げる〝薹（トウ）が立つ〟という現象であり、〝トウ立ち〟ともいわれます。

トウが立つと花が咲き、花が咲くと、タネをつくるために花の方に栄養が移動するので、食用部分である葉や根の味が落ちてしまい、食用として役に立たなくなります。そのため、春化させてはいけないのです。

自然の中での春化は低温で進みますが、昼間が高温なら、夜の低温の効果が打ち消されます。**ダイコンのトンネル栽培では、この性質を利用して、トンネル内を昼に高温にして、春**

化されるのを抑えて、トウ立ちが遅れるようにしています。

ダイコン、ハクサイ、ホウレンソウなどに「晩《ばん》抽《ちゅう》性《せい》の品種」というものがあります。これは、春化の成立に長い日数を必要とする品種であり、トウ立ちがおこりにくいという、利点があります。

春化されやすい季節や、寒い地域で栽培する場合には、この、春化がされにくい晩抽性の品種が適しています。

自然の中で春化される植物

秋に発芽後、芽生えが冬を越して春化処理を受け、翌年の初夏に結実する植物
コムギ、オオムギ、ライムギ、ダイコンなど
春に発芽し、成長した茎や葉が冬を越して春化処理を受け、翌年に開花、結実する植物
タマネギ、キャベツなど
花が咲く前の冬に春化処理を受けている、春咲きの多年生植物
スミレ、サクラソウ、ナデシコなど

ダイコンのトンネル栽培

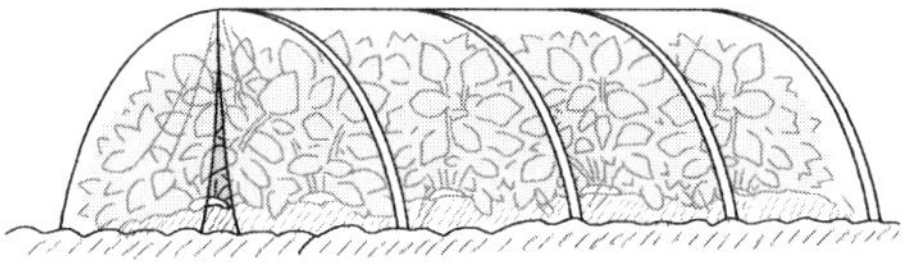

ダイコンは花が咲くと、食用部に鬆《す》が入った状態になるので、“トウ”を立たせてはいけないのです。

ダイコンをトンネル内で栽培し、昼は高温にさらすことで夜の低温の中で進む春化を抑制し、トウ立ちが遅れるようにしています。

27 なぜ、トウモロコシ畑は広大か？

びっしり実の詰まったトウモロコシのひみつ

トウモロコシ畑では、広大な畑一面に、何十本、何百本、ときには、何千本の株が栽培されます。それに対し、家庭菜園でトウモロコシが栽培される場合、株の本数は、ずっと少なくなります。この栽培される本数の違いが、1本のトウモロコシの実る粒の数に大きく影響します。

トウモロコシ畑で栽培されて市販されているトウモロコシでは、粒がびっしり詰まっています。ところが、家庭菜園で実ったトウモロコシの実入りは悪く、歯が抜けたような状態になります。

その原因は、栽培が上手か下手かなのではなく、家庭菜園のトウモロコシの性質によるものです。家庭菜園のトウモロコシでは、全部の雌花のメシベに花粉がついて、全部の雌花が粒をつくるのがむずかしいのです。その理由は、主に3つ考えられます。

1つ目は、**トウモロコシでは、花粉をつくる雄花と粒をつくる雌花が別々に離れて咲くこ**

とです。1本の株の先端の部分に雄花が咲き、株の中央あたりに雌花が咲きます。これは、「雌雄同株《しゆうどうしゅ》」という性質です。ですから、雄花にできる花粉は、離れている雌花につきにくいのです。

2つ目は、トウモロコシでは、**雌花が花粉を受け取って粒をつくる準備ができていない未熟な時期に、雄花が花粉を出す**ことです。1本の株に咲く雄花と雌花が成熟する日をずらしている「雌雄異熟《しゆういじゅく》」という性質です。

「雌雄同株」と「雌雄異熟」というのは、自分の花粉を自分のメシベにつけてタネを残すことを避ける性質です。自分の花粉を自分のメシベにつけてタネをつくると、自分と似た性質を

トウモロコシの株

トウモロコシでは、1本の株の先端の部分に雄花が咲き、株の中央あたりに雌花が咲きます。「雌雄同株」という性質で、雄花にできる花粉は、離れている雌花につきにくくなっているのです。

持つ子孫が残るだけです。親がある病気に弱いという性質を持っていると、子孫にも、その性質が受け継がれます。もし、その病気が流行れば、一族郎党が全滅してしまいます。

オスとメスに性が分かれた生殖の目的は、子孫の数を増やすことだけではありません。オスとメスという2つの個体の性質を混ぜ合わせ、いろいろな性質を持つ子孫を残すことです。いろいろな性質の子孫がいると、いろいろな環境の中で生きていくことができるからで、これは、トウモロコシだけではなく、多くの植物が望んでいることなのです。ですから、自分の花粉が自分のメシベにつきにくいようにしているのです。

全部の雌花のメシベに花粉がついて、全部の雌花が粒をつくるのがむずかしい3つ目の理由は、トウモロコシでは、**雌花のメシベは、ウマの尻尾のようなフサフサの多数の毛である**ことです。これが、雌花を包み込む「苞《ほう》」という皮の先端からいっぱい出ています。この毛が花の数だけありますから、できる粒の数だけあることになります。

そのため、数百個以上の粒が実るトウモロコシなら、本数は数百本以上あります。全部の花が確実に粒をつくるためには、このフサフサの毛のすべてに花粉がつかなければなりません。

これら3つの性質のために、全部の雌花に花粉をつけて粒を確実につくるのは、むずかしいのです。そのため、トウモロコシ畑では、ものすごい本数の株が栽培されて、花粉が放出されます。そうすることで、びっしり実の詰まったトウモロコシをつくっているのです。

春の花粉症のシーズンに、スギの木からは、まわりの空気が白く曇るほどの花粉が出ますが、トウモロコシ畑に飛び交う花粉の量も、それに勝るとも劣りません。

そのため、**1本では雄花が花粉を出すときと雌花が成熟するときがずれていても、トウモロコシ畑が広大であれば、雌花のメシベに、どれかの株の花粉がつくことになります。そして、すべてのメシベが受粉して、受精することができ、実がなるのです。**

広大なトウモロコシ畑

写真提供：岡本農園

トウモロコシ畑が広大であるのは、多くの花粉が飛ぶことで、すべてのメシベが受粉し、受精して、実がなるために、必要なことなのです。

28 なぜ、トウモロコシの粒は必ず偶数なのか？

必ず2つが対になっている花

テレビのあるコマーシャルで、父親が子どもに、「1本のトウモロコシの粒の個数は、偶数であるということを知っていたか」と問いかける場面があります。そのコマーシャルをきっかけに、実際に、1本のトウモロコシの粒の個数を数えてみると、ほとんどの場合、偶数で、「なぜ、偶数なのか」と、不思議がられます。

この、「1本のトウモロコシの粒の個数は、偶数である」というのは、根拠があり、理屈として正しいのです。といっても、すべてのトウモロコシの粒の個数が偶数ではありません。実際に、奇数の場合もたびたびあります。まず、最初に、理屈的に「偶数である」ことを紹介します。

トウモロコシの粒といわれるのはタネであり、1つの花が咲いたあとに、1つの粒ができます。トウモロコシでは、雄花と雌花が別々に離れて咲きますが、粒をつくる雌花は、穂のようになって、花を支える軸の上に咲きます。

そのとき、軸の上で、**2つの花が必ず一組の〝対〟になって咲きます。ですから、1つの花が1つの粒をつければ、一組では2つの粒ができ、全体では粒の数が偶数になるのです。**

このことは、粒の詰まっている、1本のトウモロコシを横に切断して切断面を見ると、容易に確認できます。切断面では、軸からVの字のように柄が2つに分かれ出て、それぞれの柄に粒がついています。

ですから、全部の雌花が粒をつくっている場合、粒の数は偶数になります。市販されているトウモロコシは、広いトウモロコシ畑で栽培されていますから、すべての花が確実に粒をつくります。

そのため、「1本のトウモロコシの粒の個数は、偶数である」というのは理屈として、正しい

トウモロコシの実の付き方（模式図）

1本のトウモロコシを横に切断したときの切断面では、軸からVの字のように柄が2つに分かれ出て、それぞれの柄に粒がついています。ですから、全部の雌花が粒をつくっている場合、粒の数は偶数になります。

のです。

しかし、広いトウモロコシ畑で栽培されているからといっても、理屈通りにはいかないことがあります。市販されているトウモロコシを買ってきて、1本の中に何個の粒が詰まっているかを数えてみると、500個や600個の粒が詰まっています。

ということは、フサフサの毛が、500本や600本もあるということです。全部の花が確実に粒をつくるためには、これらのフサフサの毛のすべてに、花粉が確実につかなければなりません。

たとえば、フサフサの毛の1本だけに、あるいは、3本だけにくっつかないというように、奇数の本数にうまく花粉がつかない可能性があります。ですから、実際に数えてみると、1本のトウモロコシの粒の個数は奇数個のことがあるのです。

また、フサフサの毛の2本だけとか、4本だけにくっつかないというように、偶数の本数にうまく花粉がつかない場合もあります。この場合には、数えてみると、1本のトウモロコシの粒の個数は偶数個になり、全部の花が粒をつけた場合と区別がつかないので、「1本のトウモロコシの粒の個数は、偶数である」ということになります。

ですから、全部の花が確実に粒をつくらない場合には、粒の数が偶数であるか奇数であるかは、まったくの偶然で決まります。

そのような場合では、粒ができなかった場所は、歯が抜けたように空間になるのではないかと思われますが、そうではありません。2個とか4個だけというようなごく少しの実ができなくても、その場所は、歯が抜けたような状態にはなりません。

粒ができなかった場所では、まわりの粒が大きくなるときに、粒ができていない空間を埋めるように肥大するからです。そのため、見かけだけで奇数個の粒のトウモロコシを見つけることはできません。

数株や十数株というような少数の本数の株が栽培される家庭菜園では、粒ができない花の数が、2個や4個というような少数ではなく、「雌雄同株」と「雌雄異熟」という性質のために、多くの花が粒を結実することができません。そのため、粒の数が偶数であるか奇数であるかを論じるのは、意味がありません。

トウモロコシの粒はタネで、1つの花が咲いたあと1つできます。花は2つが対になって咲くので、結果として粒の数が偶数になるのです。

29 なぜ、トウモロコシの違う品種は離して植えるのか？

甘い品種を甘いままに

トウモロコシは、黄色の粒ばかりをつくる黄粒系統と、白色の粒ばかりをつくる白粒系統の品種があります。でも、黄色と白色の粒が混じるトウモロコシもあります。この理由の1つは、黄色と白色の粒をほぼ3対1の割合でつくる品種があることです。「2」を意味する「バイ」と、色の「カラー」で、「2色の」という意味をもつ、『バイカラー』という品種です。

遺伝的に、粒の色は、黄色が優性で、白色が劣性です。そのため、黄粒系統と白粒系統を両親として子をつくると、遺伝の法則にしたがい、子は黄色の粒をつくります。この粒には白い粒をつくる性質が隠れていますから、このタネをまくと、白い粒もできます。その比率は、遺伝の法則にしたがい、黄色の粒と白い粒は3対1になります。

黄色と白色の粒が混じっていることに対して、もう1つの理由は、トウモロコシに、「キセニア」という性質があるためです。キセニアは、トウモロコシの粒の大部分を占める胚乳という部分に、直接、父親の花粉が持つ性質が現れる現象です。多くの植物では、父親の性質がタネに現れることはなく、タネから育つ芽生えに現れるものなのです。

この、キセニアという性質のために、甘い味の品種のメシベに少し甘みの落ちる品種の花粉がつくと、粒の甘みが落ちます。だから、異なる品種を栽培するときには、「200m以上の距離を離さねばならない」とか、「開花時期を違えるように植えなさい」とかいわれるのです。

キセニアという性質で黄色の粒と白色の粒が混じっている場合には、割合は2つの品種がどのくらい近くで栽培されていたか、その距離で決まってきます。近くで栽培されていると、混じる割合が高くなり、離れて栽培されているほど、比率は低くなります。

トウモロコシのキセニア

キセニアという性質で黄色の粒と白色の粒が混じっている場合には、白粒系統の近くに黄粒系統が栽培されていると、黄色粒が混じる割合が高くなり、離れて栽培されているほど、比率は低くなります。

粒の大部分を構成する胚乳に、父親の花粉が持つ性質が直接現れるキセニア。この性質により、甘い品種が甘みの低い品種の花粉を受粉すると甘みが落ちます。

30 なぜ、トマトはビニールハウスで栽培されるのか？

実がはちきれないために

冬から春にかけて、ビニールハウスの中で、野菜が栽培されているのは見慣れています。そのため、暑い夏に、トマトやミニトマトが、ビニールハウスで栽培されていても、あまり不思議に思われません。「トマトやミニトマトは、暑いのが好きなので、ビニールハウスの中で温度を高めて栽培されているのだ」と納得している人もいます。

たしかに、トマトは暑い地域が原産地ですから、暑いのが好きでしょう。でも、夏にわざわざビニールハウスの中で栽培せず、露地で栽培されているトマトでも、よく成長し、多くの果実を実らせています。

また、夏のビニールハウスでは、大きな入口は開けっ放しになっていることが多く、ビニールハウス内の保温に気が遣われているというよりも、風が吹き込んで、ビニールハウス内が熱くなり過ぎないようにされているように思えることもあります。

実は、温度だけについていえば、暑い夏に、トマトやミニトマトをビニールハウスの中で栽培をする必要はないのです。それでは、なぜ、暑い夏にビニールハウスでわざわざ栽培されるのでしょうか。

その理由の1つは、**ビニールハウスには、夏の強すぎる太陽の光を遮光する効果があります。**これについては、⑫「なぜ、光を遮って栽培されるのか?」と⑬「なぜ、太陽の光を使いこなせないのか?」の項を参照してください。

暑い夏にビニールハウスでトマトやミニトマトが栽培される、もう1つの大切な理由は、**「実割《みわ》れ」という現象を防ぐためです。**トマトなどを栽培すると、果実が実り赤く成熟します。しかし、油断していると、果皮が割れてしまいます。これが、「実割れ」や「裂果《れっか》」とよばれる現象です。なぜ、

トマトの実割れ

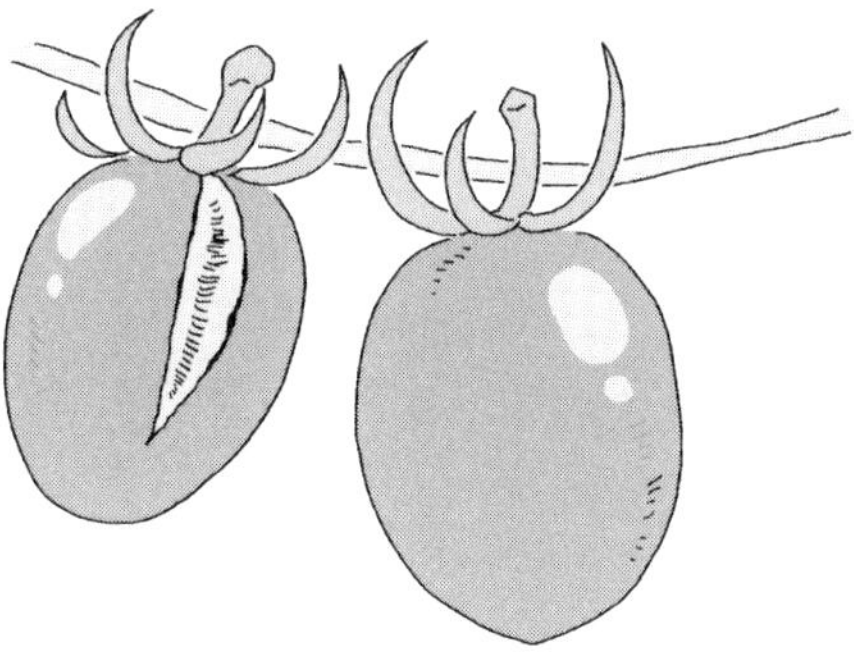

トマトやミニトマトの果実では、果実を包む果皮と果肉がいっしょに大きくなります。果実が一定の大きさに肥大すると、果肉と果皮の成長が止まります。このあと、果肉と果皮は赤く成熟します。そのあとに、何かの理由で、多くの水が吸収されると、果肉の部分に水分が多く取り込まれ、果肉が膨らみます。果皮の成長は止まっているので、果肉が大きくなると、果皮が破れ、「実割れ」となります。

このようなことになるのかと不思議がられます。

果実が肥大をはじめると、果実を包む薄い果皮と果肉はいっしょに大きくなります。そして、果実が一定の大きさになると、果皮と果肉の成長が止まります。このあと、果皮と果肉は成長せずに成熟し、赤くなりますが、このあとに、もし根が多くの水を吸収したら、その水分が果肉に送り込まれ、果肉が再び膨らみます。果肉のまわりにある薄い果皮は成長が止まっているため、果肉が膨らむと、果皮に裂け目ができ、実割れがおこるのです。

この現象を防ぐには、成熟した果実を株につけたままにせず、こまめに収穫することです。同時に、果実の成長が止まってしまったあとに、多くの水を根に吸収させないことです。たとえば、気まぐれに、多くの水を与えるような水やりをしてはいけません。

しかし、1本の株には、成熟した果実だけでなく、水を吸って大きくならねばならない若い果実があります。そのため、水やりをやめるわけにはいきません。成熟した果実はきちんと収穫し、水やりは一定の間隔で一定量を規則正しくやることが大切なのです。

また、多量の雨が降ったときに、根に雨水を大量に吸収させないようにしなければなりません。雨が降っても、ビニールハウスの中であれば、根による急激な水の吸収はおこりません。ビニールハウスで栽培するのは、水の管理をきちんとするためなのです。

また、成熟した果実に雨がかかると、実割れがおこることがあるといわれます。ビニールハウスの中であれば、夏の夕立や多くの雨などにより、果実による直接の吸水を防ぐことができます。

「実割れ」や「裂果」という現象は、トマトの果実だけには限りません。「果樹園の赤い宝石」といわれるサクランボでもよくおこります。高級なサクランボが実割れをおこすと、商品価値が落ちるだけでなく、カビが生えてくることもあります。それを防ぐために、ほとんどの場合、サクランボはビニールハウスの中で栽培されています。

トマトの雨除け栽培

ビニールハウスで栽培するのは、水の管理をするためです。多量の雨が降ったとき、根に雨水を大量に吸収させないことです。また、ビニールハウスの中では、夏の夕立や多くの雨などにより、果実による直接の吸水を防ぐことができます。

写真提供：やまむファーム

ビニールハウスで育てる大きな目的は、「遮光」と「実割れの防止」のためで、実割れを防ぐにはこまめに収穫し、一定間隔で一定量の水をやることも肝要です。

31 なぜ、寒い冬にビニールハウスを開け放つのか？

一味違うホウレンソウ

寒い冬、野菜は温室やビニールハウスで栽培されます。多くの植物は、暖かい春によく成長し、寒さで枯れるものも多いので、冬は、暖かい温室やビニールハウスで栽培されるのです。

ところが、暖かい温室やビニールハウス内でよく成長する野菜を冬の寒さにわざわざ、さらすことがあります。たとえば、冬に出荷されるホウレンソウやコマツナです。

冬に出荷されるホウレンソウは、暖かい温室やビニールハウスで栽培されています。ところが、出荷前に一定期間、温室やビニールハウスの中に冬の寒風が吹き入れられ、多くの場合、10~14日間、ホウレンソウは寒さにさらされます。⑲「なぜ、寒さに耐えた野菜は甘いのか？」で紹介したように、糖分を増やし、甘味を増すことが目的で、これは、「寒じめホウレンソウ」といわれます。

コマツナでも、「寒じめコマツナ」というのがあり、ホウレンソウ同様に、温室で栽培され、出荷前に、寒さにさらされているのです。

寒じめ栽培で変化する成分（100g当たり）

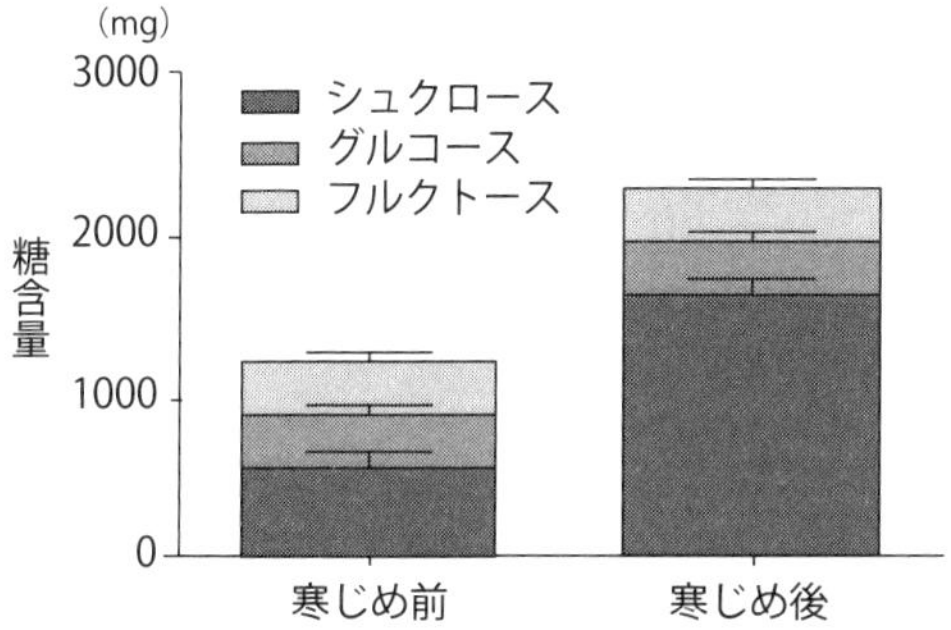

ホウレンソウを寒じめ栽培すると、図中の3種類の糖分が増え、甘味が増します。

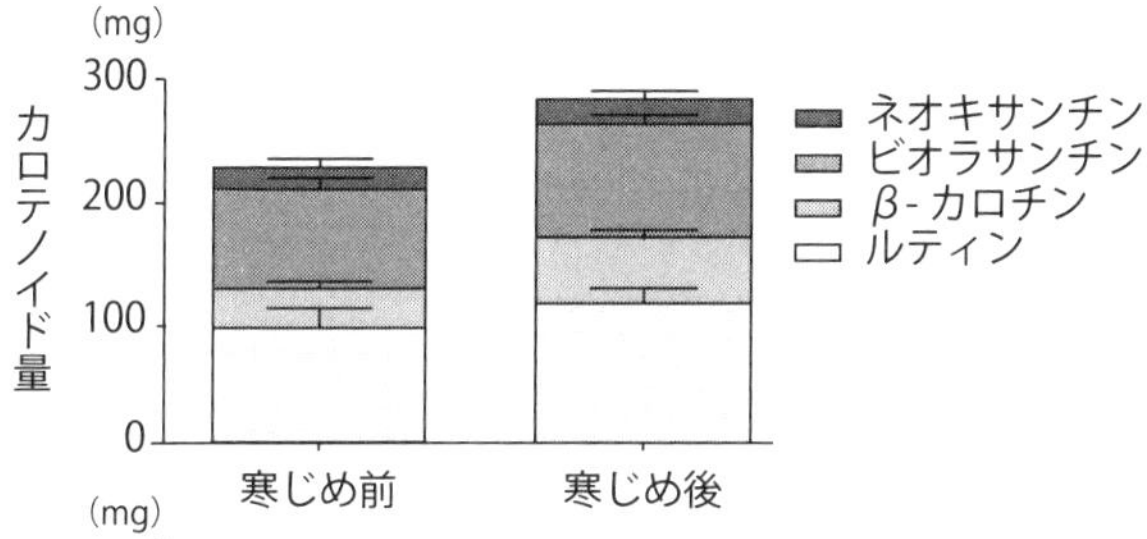

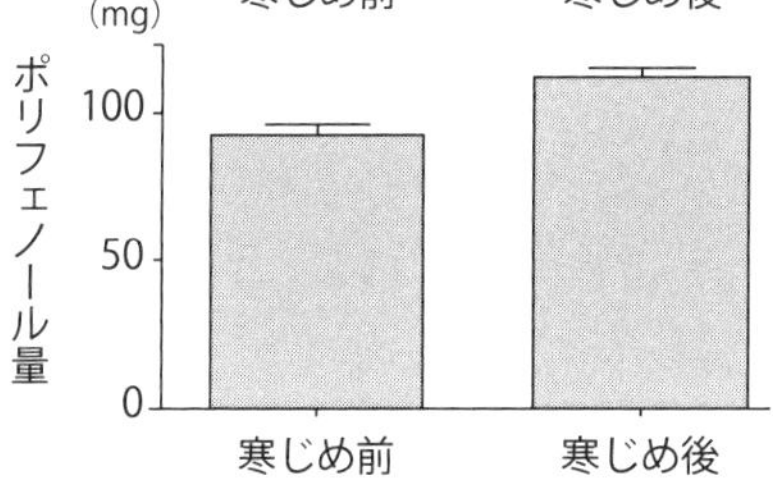

ホウレンソウを寒じめ栽培すると、機能性成分である図中の4種類のカロテノイドやポリフェノールも増加します。

データ・写真提供：
タキイ種苗（株）

暖かい環境で栽培しながら、わざわざ冬の寒さにさらされるホウレンソウやコマツナ。この寒さにさらす行為で、甘みや栄養素を増やし美味しくなるのです。

32

なぜ、ビニールハウスの中を電灯で照明するのか？

ツボミをつける時期を自由自在に

夜、田園地帯を走る電車に乗っていると、畑の真ん中であかあかと照明がなされたビニールハウスや温室が見られます。「なぜ、ビニールハウスの中を電灯で照明するのか？」という疑問が浮かびます。

あの中では、多くの場合、シソやキク、イチゴなどが栽培されています。そのように、ビニールハウスや温室の中を照明して、これらの植物を栽培することを「電照栽培《でんしょうさいばい》」といいます。なぜ、ビニールハウスの中を電灯で照明するのでしょうか。

植物の成長には、温度が大切です。でも、**植物は温度だけでなく、季節で変化する昼と夜の長さに反応していることも多くあります。**特に、ツボミをつくり、花を咲かせる現象の場合、夜の長さが大切です。

キクは夜が長くなってくるとツボミをつくり、花を咲かせる植物です。ですから、秋には花が咲きます。しかし、秋以外には、自然の中では花が咲きません。ところが、キクの花は、日本では御祝いごとがあっても不幸なことがあっても必要とされているため、1年中供給されねばなりません。

そこで、冬に温室で栽培すると、夜が長いので、花が咲きます。ところが、発芽してきた芽生えがすぐにツボミをつけ、花を咲かせます。すると、花は咲きますが、茎が伸びていないので、切り花としては利用できません。そこで、茎が適当な長さに伸びるまで、温室内では夜に電灯を照明して、ツボミをつけさせないようにします。これがキクの電照栽培をする理由なのです。

春から夏にかけては、夜が短いので、キクはツボミをつくりません。そこで、出荷日が決まれば、その1～2か月前に、温室を黒いカーテンで覆って、長い夜を与えます。すると、ツボミがつくられ、出荷日には、大きなツボミになっています。

ツボミ形成における植物の３グループ

短日植物	昼が短く夜が長くなると、ツボミを形成する植物 アサガオ、オナモミ、イネ、シソ、キク、コスモス、ダイズなど
長日植物	昼が長く夜が短くなると、ツボミを形成する植物 アブラナ、ダイコン、コムギ、ホウレンソウ、ムシトリナデシコ、シロイヌナズナ、カーネーション　など
中性植物	昼と夜の長さに影響されずに、ツボミを形成する植物 トマト、キュウリ、トウモロコシ、セイヨウタンポポ、インゲンマメ、エンドウなど

花を咲かせるためだけでなく、逆に、花を咲かせないように、電照栽培する場合もあります。刺身などに添えられる青ジソの葉は、「大葉」といわれます。いい香りを放って、きれいな緑色の新鮮な葉っぱです。

家庭菜園などでは、シソは春にタネをまかれると、夏から秋にかけて、葉を次々とつくり出すので、その葉を利用できます。しかし、寒くなると、シソは寒さに弱いために枯れてしまいます。

そのため、1年中、刺身のつまとして大葉を利用するためには、暖かい温室で栽培することが必要です。でも、暖かい温室で栽培したからといって、緑色の新鮮な葉っぱを1年中、手に入れることはできません。もう1つ、大切なことがあるのです。

シソは、夏至を過ぎて、昼が短くなり夜が長くなってくると、ツボミをつくり、花を咲かせます。花が咲くと、タネをつくるために葉に含まれていた栄養が使われ、秋には葉が美しい緑色を徐々に失います。そのため、1年中青々とした緑の葉っぱを手に入れるためには、温室の中で、ツボミをつくらせてはいけないのです。

温室で栽培する秋から冬は、夜が長いですから、放っておけば、ツボミができ、花が咲きます。そこで、寒さを避けて温室で栽培していても、長い夜を与えない工夫をするために、温室の中で、夜に電灯で照明をする電照栽培を行うのです。

1月15日は、全国いちご消費拡大協議会が決めている「いいイチゴの日」です。実際、この頃は、全国各地のビニールハウス栽培のイチゴ園で出荷のピーク時にあたり、また、多くのイチゴ園が開園する日なのです。この時期にイチゴ園をオープンさせるために、イチゴ園では電照栽培による独特の栽培方法がとられています。

イチゴは、寒くなって、日が短くなると、極端に成長しなくなります。そこで、ビニールハウス内の温度を上げますが、旬が春のイチゴは、温度だけでは、成長がよくなりません。イチゴの成長は、春のような温度だけでなく、昼と夜の長さに大きく影響されるのです。

そこで、冬のビニールハウス内に電灯の照明をして、春のような昼と夜の長さにします。これは、ビニールハウスの中を夜に電灯照明する電照栽培です。すると、イチゴは春の訪れを感じて成長し、花を咲かせて、やがて実をつけます。

夜も照明をつけて行う電照栽培では、季節による日照時間の変化に反応する植物の性質を利用し、ツボミをつける時期を操作することができるのです。

33 なぜ、トマトが夏限定の野菜でなくなったのか？

季節で変わる昼と夜の長さ

トマトは、原産地が南アメリカのアンデス山脈からメキシコにかけての暑い地域であり、寒さに弱い植物です。そのため、昔は、トマトは夏に限られた野菜でした。しかし、最近では、1年中、売られています。そのため、冬に、トマトが売られていても、見慣れているので、不思議に思われません。「どうして、トマトが冬に実るのか」と問えば、「温室で栽培されているから」という答えが、当たり前のように返ってきます。

温室で栽培されているのは事実ですから、この答えが間違っているわけではありません。でも、何か物足りません。というのは、冬に温室で栽培されても、トマトは勝手に実ってくれるものではないからです。トマトが実るためには、花が咲かねばなりません。

前項で紹介したように、多くの植物は、季節によって変化する昼と夜の長さに反応して、花を咲かせます。そのため、季節はずれに花を咲かせるには、昼と夜の長さを調節しなければばなりません。たとえば、キクは、花を1年中供給するために、昼と夜の長さを調節して栽培されています。

だから、本来は、温室で栽培しても、1年中、トマトは花を咲かせるわけではないのです。ところが、幸いにも、**トマトは、昼と夜の長さに依存して花を咲かせる植物ではありません。**多くの植物とは異なり、ある大きさに成長すると、花を咲かせる植物なのです。

そのため、苗を温室で成長させれば、花は咲きますが、花が咲いても、実はなりません。実がなるためには、**花粉を運ぶハチやチョウが必要だからです。**冬の温室にふつうには、ハチやチョウはいません。**そこで、温室に、ハチが人為的に放たれるのです。**

トマトの温室には、セイヨウオオマルハナバチというハチが人為的に放たれます。このハチは、ミツバチと比べ、温度が低くても活動が活発で、花粉をメシベにつける高い能力を持っています。そのため、トマトの果実を実らせるのに役に立ちます。

冬の温室での、ハチの活躍

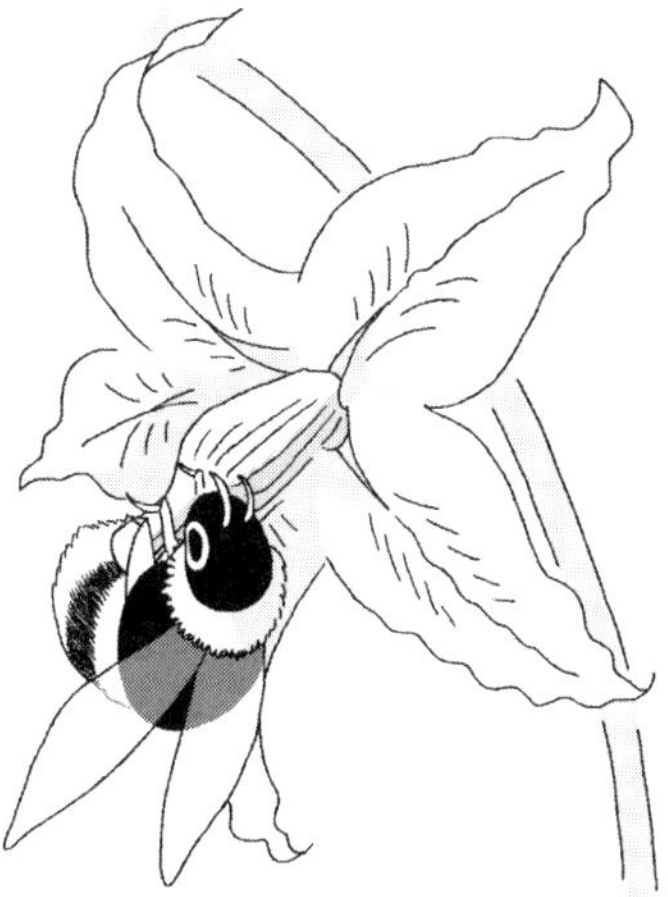

冬の温室では、ハチが放たれ、受粉のためにはたらきます。実をならすために、ハチが活躍しているのです。

ところが、「セイヨウ」という言葉が名前につくことから想像される通り、これはヨーロッパ原産の外来種のハチです。温室から逃げ出すと、日本の生態系を荒らすことが危惧され、このハチは「特定外来生物」に指定されています。

そのため、このハチの取り扱いには細心の注意が必要です。トマトが栽培されるビニールハウスの中から、外へ逃げ出すことがないよう、万全の対策を講じることが義務づけられています。

そのような事情がある中で、ハチに依存せず、実をならす方法の1つが、「オーキシン」という物質を使うことです。この物質の溶液を花にかけると、花粉がつかなくても、実が肥大します。ただし、オーキシンで実を肥大させると、花粉がメシベについていないので、タネはできません。だから、季節はずれに売られているトマトには、タネがないことがあります。

「タネなし」のトマトでよければ、もう1つ方法があり、受粉や受精をしなくても、果実が肥大するという性質を持つ品種を栽培することです。この性質は、「単為結果《たんいけっか》」あるいは、「単為結実《たんいけつじつ》」といわれます。ハチに依存することもなく、オーキシンの処理も必要ありません。花が咲きさえすれば、実がなります。そのような性質を持つ品種が、トマトやナスなどで開発され、市販されています。

単為結果性と非単為結果性のナス

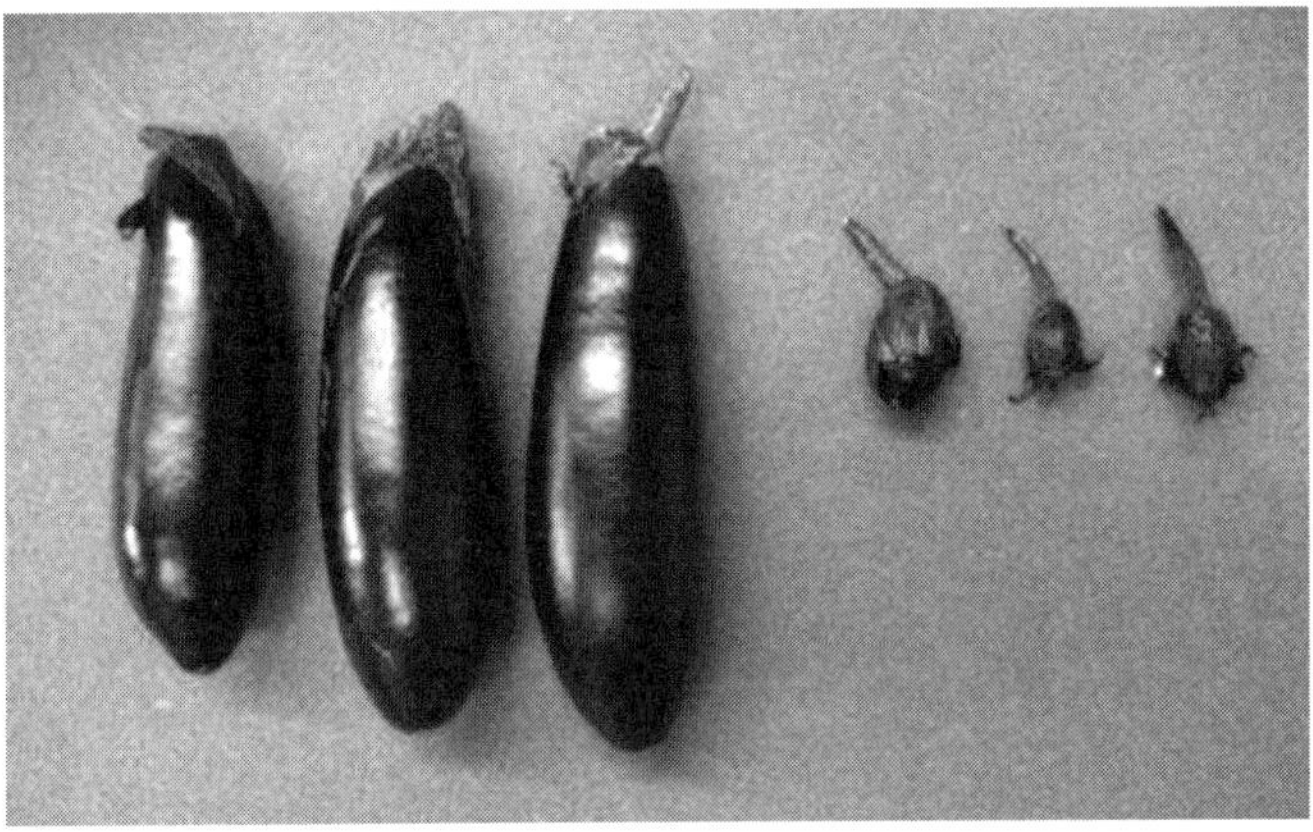

単為結果性
突然変異系統
「PCSS」

非単為結果性
商用 F_1 品種
「千両二号」

単為結果性のナスは、受粉しなくても果実が正常に成長します。
非単為結果性の品種は、受粉しないと果実は成長しません。

写真提供：タキイ種苗（株）

トマトは、季節による日照時間の変化に関係なく花を咲かせる植物で、温室栽培と人為的にハチに受粉作業をさせることで年中、実をつけることができているのです。

34 なぜ、1株に17000個のトマトが実るのか？

土を使わない栽培方法

科学博覧会などで、温室の中にトマトの赤い果実が鈴なりになっているのを見かけることがあります。ものすごい数の果実なので、何株が栽培されているのかと株の本数を数えると、たったの1本だけです。温室の中央に、樹木の幹のように太くしっかりした茎が育ち、四方八方に茎が伸び広がって葉が茂り、1株の広がりは、20数坪に及ぶこともあります。このように栽培された1本の株から、1万数千個の果実が収穫され、多い場合には、17000個にもなります。

このトマトの栽培方法では、特別なトマトの品種でもなく、特殊な養分や、成長を促進する物質も使われていません。**このトマトは、ハイポニカ栽培（水気耕栽培《すいきこうさいばい》）により栽培されており、その栽培方法の特徴は、土がいっさい使われていないことぐらいです。**根は十分に空気と養分を含んだ水溶液を与えられていたり、一定の周期で、養分を含んだ液を吹きかけられたりしています。水耕液に酸素は供給されるようになっており、根が十分に呼吸をすることができるようにもなっています。

また、温室なので、地上部の温度や湿度は適切に保たれ、光合成に適切な光も与えられています。**トマトは、適切な光、温度、湿度が与えられ、根を十分に発育させられる環境であれば、このように成長できる能力を潜在的に持っているのです。**

ハイポニカ栽培

ハイポニカ栽培では、栽培された1本の株から、1万数千個の果実が収穫されます。

写真提供：協和（株）ハイポニカ事業本部

ホームハイポニカ装置概略図

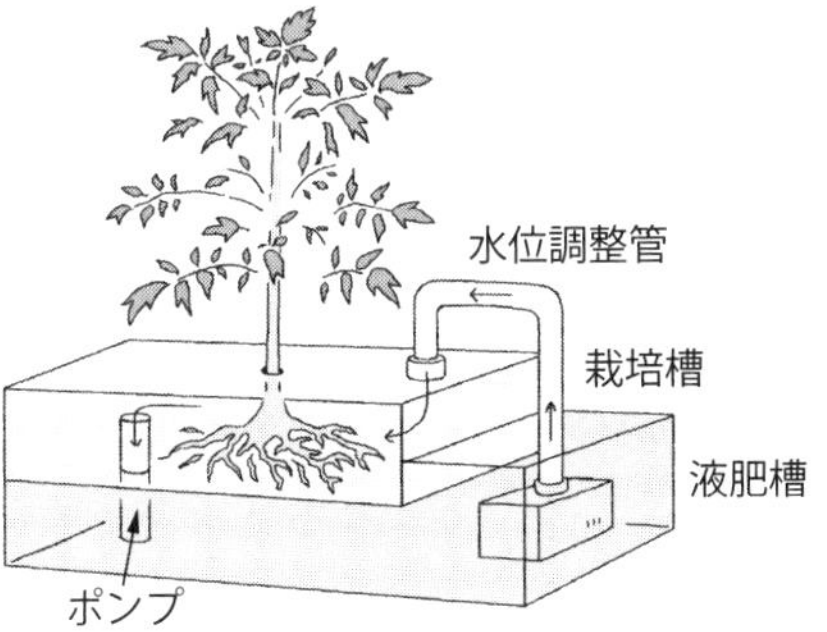

ハイポニカ栽培装置の簡略な模式

トマトには、ハイポニカ栽培で適切な生育環境と根を発達させられる環境があれば、ここまで成長できる潜在的能力があるのです。

35 なぜ、真冬にチューリップが咲くのか？

温度を感じて咲く時期を決める花

チューリップの赤、白、黄色などの花は、暖かい春を象徴するものです。しかし、近年は、クリスマスやお正月のころに、これらの花が花屋さんの店頭に並びはじめます。そして、もっとも寒い2月頃、チューリップの花が今を盛りにと店先を飾ります。

ふつうなら、「なぜ、暖かい春に咲く花が、こんな寒い時期に咲いているのか」と、不思議に思われるはずです。しかし、この現象があまりに身近になり、見慣れているため、多くの人々に不思議に思われていません。「どうして、こんな寒い時期に、チューリップの花が咲いているのか」と問えば、「暖かい温室で栽培されているから」という答えが即座に返ってきます。

実際に、花を咲かせるために暖かい温室で栽培されているのは、事実です。ですから、その答えが間違っているわけではありませんが、何か物足りません。なぜなら、それは、チューリップが花を咲かせるための仕組みに触れていないからです。**冬に暖かい温室で栽培**

されたからといって、それだけでは、チューリップは花を咲かせることができません。

チューリップのツボミは、前の年の5月上旬から下旬に球根の中でつくられます。だから、秋に市販されている球根を買ってきて包丁で真二つに切ると、球根の真ん中に、ツボミ

秋に植え付けるチューリップの球根

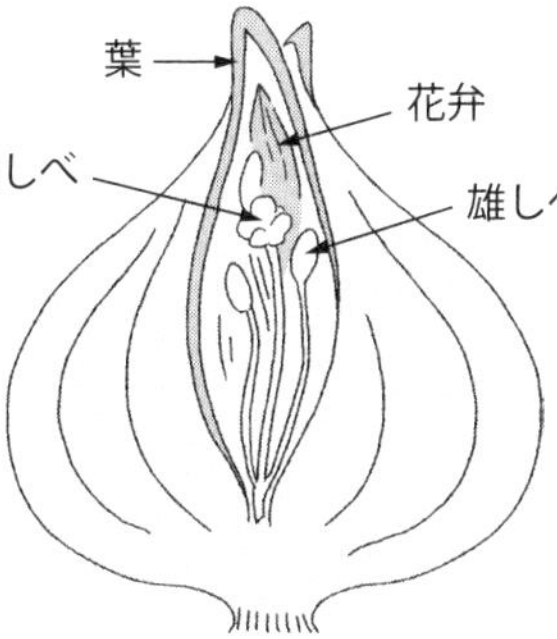

チューリップのツボミは、秋に球根を植えつけるときにはすでにつくられています。

チューリップの花の切断

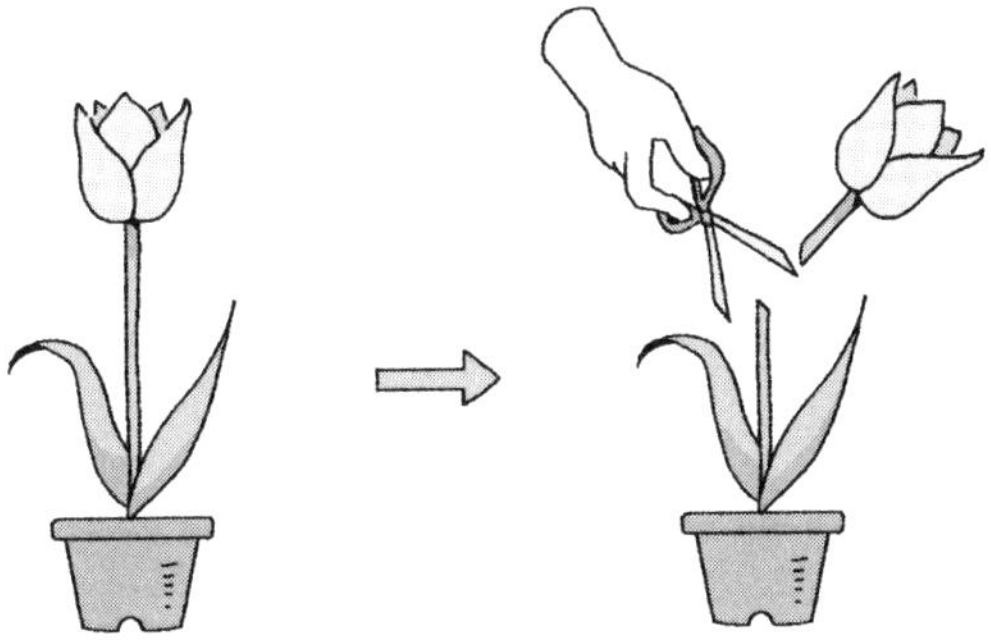

チューリップの球根の生産地では、花が開くと、花が切り落とされます。花を咲かせておくと、タネをつくるために栄養が使われ、立派な球根をつくれません。そのため、花を切り落とします。花が咲くまで待つのは、モザイク病にかかっていると、花びらにモザイク状の模様ができるので、花を咲かせて、この病気にかかっていないことを確認するためです。

があります。このツボミが春の温かさで花咲くのなら、春と秋の温度は、ほぼ同じなので、秋に花咲いてもおかしくありません。

そもそも、夏にツボミができているのなら、なぜ、秋に花咲かないのでしょうか。ところが、もし秋に花咲けば、次にくる冬の寒さにより、葉は枯れてしまい、球根は栄養をためることができず大きく肥大できません。

そのため、ツボミは、寒い冬が通過したことを確認したあとでなければ、花を咲かせません。自然の中で春に花を咲かせるチューリップの球根は、冬に向かう秋に植えられ、花壇の土の中で寒さを体感しているのです。

この性質を利用して、**寒い時期に人為的に花を咲かそうとするのなら、ツボミをつくった後の夏から球根を約3～4カ月間冷蔵庫に入れて、寒さを体感させます。そのあとに、暖かい温室で栽培すれば、クリスマスやお正月の頃から、花を咲かすことができるのです。**これが、チューリップの促成栽培です。

アイスチューリップとよばれて市販されている球根があり、それには、このような低温処理がすでにしてあります。ですから、暖かい場所で栽培すれば、花が咲きます。この球根は、冬咲きミラクルチューリップや冷蔵チューリップなどともよばれています。

アイスチューリップは、自分でつくることもできます。たとえば、品種にもよりますが、

10月中旬に市販されている球根を手に入れて、11月中旬まで約30日間、冷蔵すれば、必要な低温処理が済みます。そのあと、暖かい場所で栽培すると、1月頃には花を咲かせることができます。

チューリップは、よく、室内で水栽培されます。秋に水栽培を始め、冬の寒い室内で冷たい水に浸かっているのを見て、かわいそうに思い、暖かい室内に置き続けると、冬の寒さを受けないので、ツボミは発育せず、春には、葉ばかりが茂ってくることになるでしょう。

しかし、ツボミを形成していない球根が、冬の寒さを感受するものもあります。たとえば、テッポウユリは、10月中旬に植えつけますが、ツボミができるのは、翌春の3月下旬です。この場合、冬の低温は、ツボミを〝つくる〟ことにはたらくと考えられます。

チューリップの促成栽培の温度プログラム

温度（℃）	期間（週）	
20	3	ツボミの分化
8	3	ツボミの発達
9	10	ツボミが発達し、芽が出る
13	3	葉が、3cmに伸びる
17	3	葉が、6cmに伸びる
23	3	開花

（Hartsemaら、1930）

チューリップは、寒さで枯れないように、冬が通過した後に花を咲かせます。それを利用し、寒さを冷蔵庫で体感させ、花を咲かせる時期を自在にする技があります。

コラム
3

なぜ、稲作では田植えをして苗を植えるのか？

近年、イネの栽培では、田植えをせずに田んぼに直接イネをまく「直《じか》播《ま》き」という方法が多く試みられています。しかし、伝統的な日本の稲作は、苗代で育てた苗を水田に植える田植えという方法で行われてきました。

「なぜ、わざわざ田植えをして植えるのか」との疑問がもたれます。田植えでは、よく育っていない苗を避けて、元気な苗を植えることができます。でも、もう1つ大切な理由があります。同じように成長した苗を選んで植えることができるのです。

そのおかげで、田植えが終わったあとの水田では、苗の成長がきちんとそろっています。そのように成長すれば、いっせいに花が咲き、いっせいにイネが実るので、いっせいに刈り取ることができます。稲刈りをいっせいに行うためには、田植えで植える苗は、同じように成長している必要があるのです。

第4章

植物工場で見られる栽培
～なぜ、年に20回以上収穫できるのか？～

36 なぜ、青色光と赤色光を照射するのか？

光合成に有効な光の色

「植物工場」というのは、文字通り、植物を栽培する工場です。室内に何段にも積み重なった棚があり、その上で植物が栽培されています。主に、レタス、サラダナ、カイワレダイコンなど、栽培期間が短い野菜が栽培されます。そのため、「野菜工場」とよばれることもあります。

植物工場として、大規模なものはビルのような建物をすべて使いますが、小規模なものでは、ビルの一室という場合もあります。最近では、家庭用の小型の植物工場も売り出されています。

工場の規模が大きくても小さくても、植物が栽培されるので、植物工場の中には、光が必要です。光は、太陽光の利用を基本とした「太陽光利用型」のものと、太陽の光に依存せず、完全に人工的な光を利用する「完全人工光型」のものがあります。

完全人工光型には、蛍光灯や白熱光などのごく一般的な人工的な光源が使用されます。こ

完全人工光型植物工場

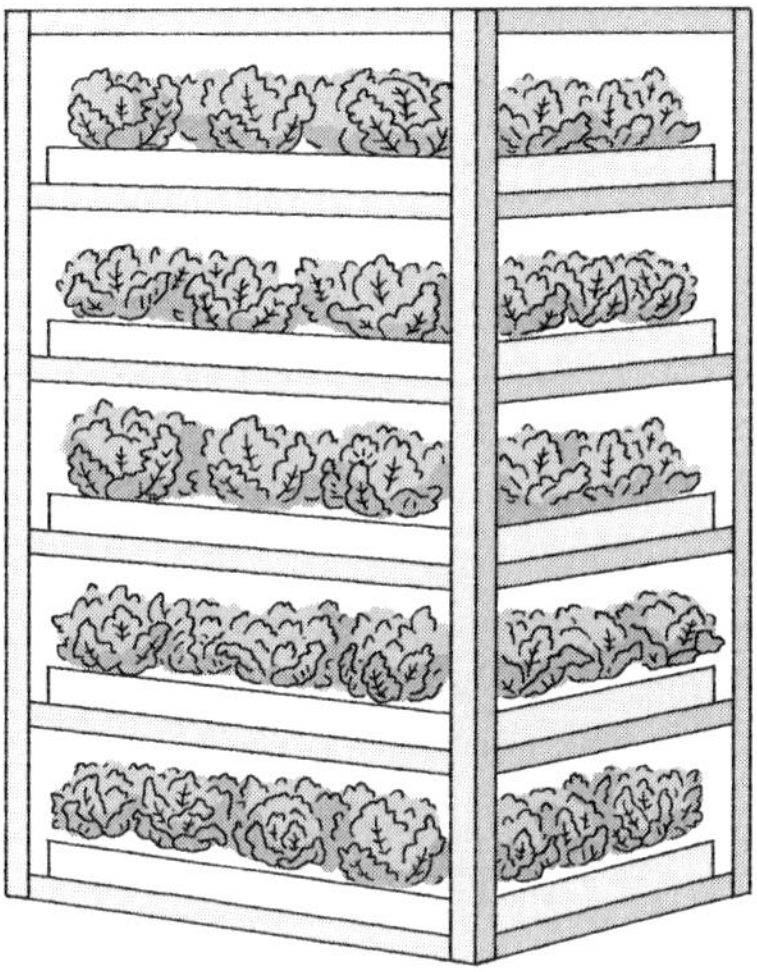

完全人工光型植物工場では、閉鎖された清潔な空間の中、最適な条件で作物が栽培されるので、気象に左右されることなく、安定して作物を生産できます。

れらの光源の色は、「白色光」とよばれ、紫色、藍色、青色、緑色、黄色、橙色、赤色などの光が含まれています。白色光が照射されると、植物はその光を利用して光合成を行います。

しかし、最近の植物工場では、白色光ではなく、青色光や赤色光だけが照射される場合があります。「なぜ、青色光や赤色光だけを照射するのか」と疑問に思われますが、これにはきちんとした意味があります。

何色の光が光合成に有効に使われるかを考えると、その意味が見えてきます。何色の光が光合成に有効なのかを示す、「光合成の作用スペクト

白色光に含まれる光

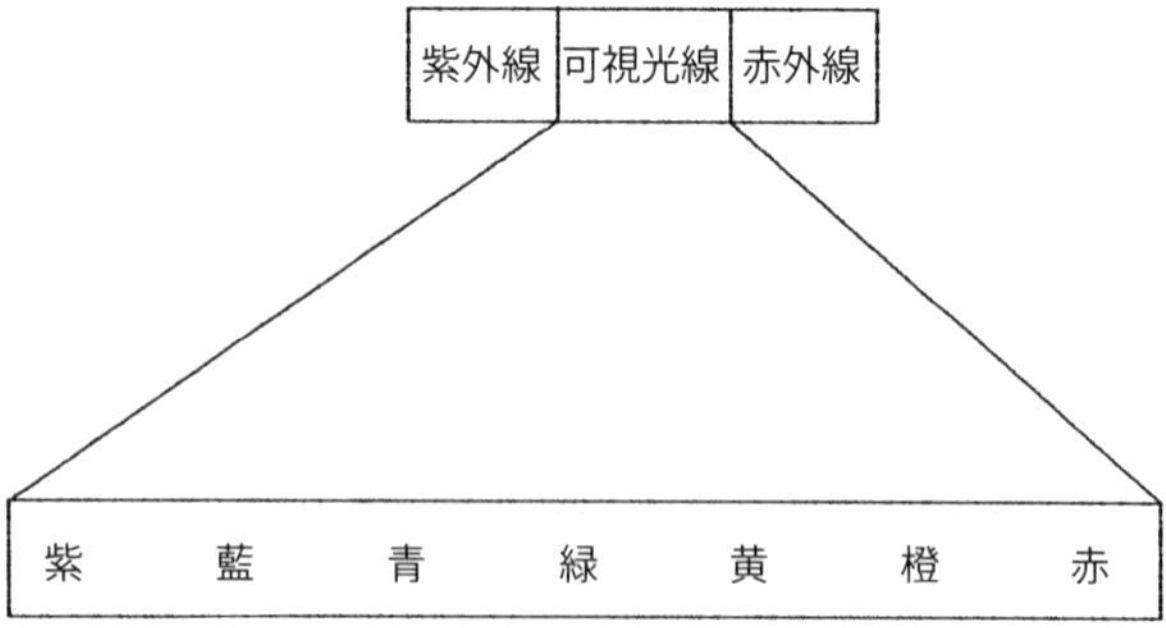

完全人工光型の植物工場では、一般的に蛍光灯や白熱光などから白色光が照射されます。白色光には可視光線とよばれる目に見えるいろいろな色の光が含まれており、それらを使って植物は光合成をします。

光合成の作用スペクトル

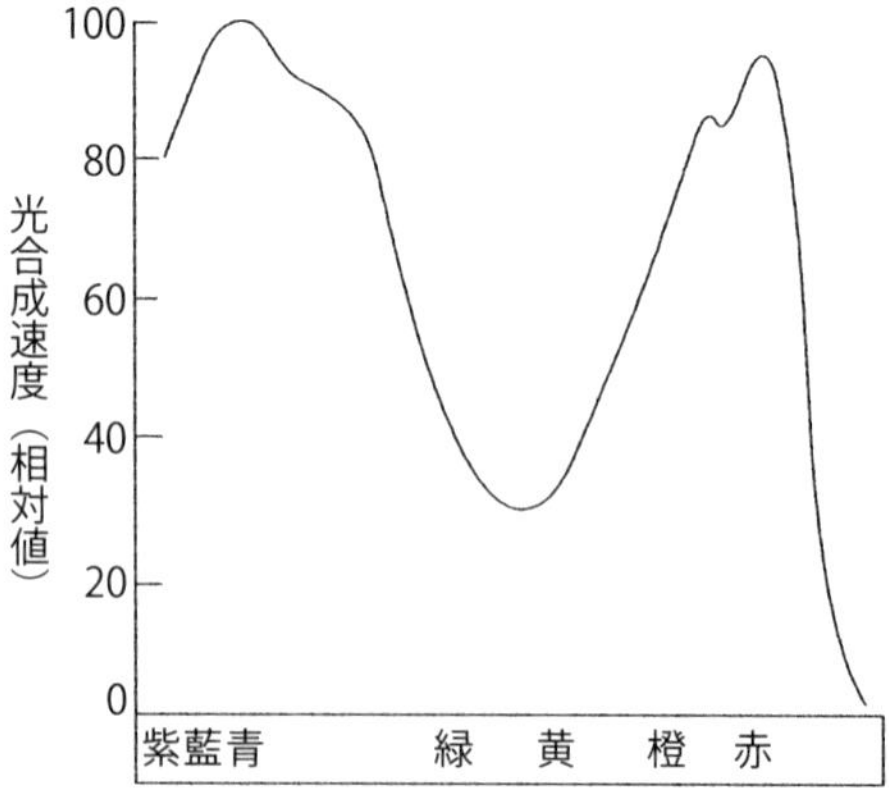

植物に青色光や赤色光が照射されると、葉の中で行われる光合成速度が高くなります。植物工場で青色光や赤色光だけが照射されることがあるのは、作物に効率的に光合成を行わせることで、余分な電力を消費することなく生産量を高めることができるからです。

ル」とよばれる図があります。

光合成の作用スペクトルでは、横軸は、葉っぱに当てるいろいろな色の光を示し、縦軸は、光合成がどれだけ行われるかを示しています。

光合成が行われる速度は、二酸化炭素が吸収される速度や、放出される酸素の速度などで表すことができます。多くの場合、二酸化炭素の吸収される速度が測定され、それを光合成の速度として縦軸に示されます。縦軸が大きい値になる色の光ほど、光合成に有効にはたらくことを意味しています。

ですから、右ページの光合成の作用スペクトルでは、光合成には、青色光や赤色光が有効であり、緑色光の効果は低いことが示されています。

ということは、**白色光を照射されても、光合成によくはたらくのはそれに含まれる青色光や赤色光ということです。それなら、有効な色の光だけを当てる方が無駄がないということになります。**そのため、青色光や赤色光だけが照射されることがあるのです。

照射される白い光の中には様々な色の光が含まれており、その内、赤と青の光だけを照射すると作物に効率的に光合成を行わせることができるのです。

37 なぜ、発光ダイオードが使われるのか？

どんな光でもいいわけではない

植物を効率よく成長させるには、植物に光合成を効率的にさせねばなりません。とすれば、植物工場で使われる人工的な光は、光合成に有効に利用される光が望まれます。光合成にもっとも効率的に利用される光は、前項で紹介したように、青色光と赤色光です。

そのため、植物工場で使うエネルギーを無駄にしない人工的な光は、青色と赤色の光を多く含めばよいことになります。そこで、従来使われてきた白熱光や蛍光灯に代わって、近年は、発光ダイオードが使われつつあります。

発光ダイオードの最も大きな特徴は、赤色、青色、緑色などの光だけを出すことができることです。そのため、照射する光の色を自由に選ぶことができます。また、発光ダイオードによる照明は、発光する小さな素子の集まりからなっています。そのため、**素子の数を変えることにより、照射する光の量を自由に調節できるのです。**

照射する光の色と強さが選べるだけでなく、発光ダイオードには、**発熱量が少ない**という特徴があります。そのため、工場の中の温度が上がり、工場内の温度を一定に保つために冷やすエネルギーが少なくてすみます。また、発光ダイオードは発熱量が少ないので、植物に近づけて照射することができます。ですから、弱い光でも光合成を有効に行わせることができます。

さらに、発光ダイオードの装置は小型化しやすいという性質があります。そのため、栽培用の棚を低くし、何段も積み重ねられます。こうすると、広い栽培面積を確保できるのです。

そのほか、発光ダイオードには、消費電力が少ないことや、ランプの寿命が長いなどの利点があります。

発光ダイオードの模式図（砲弾型）

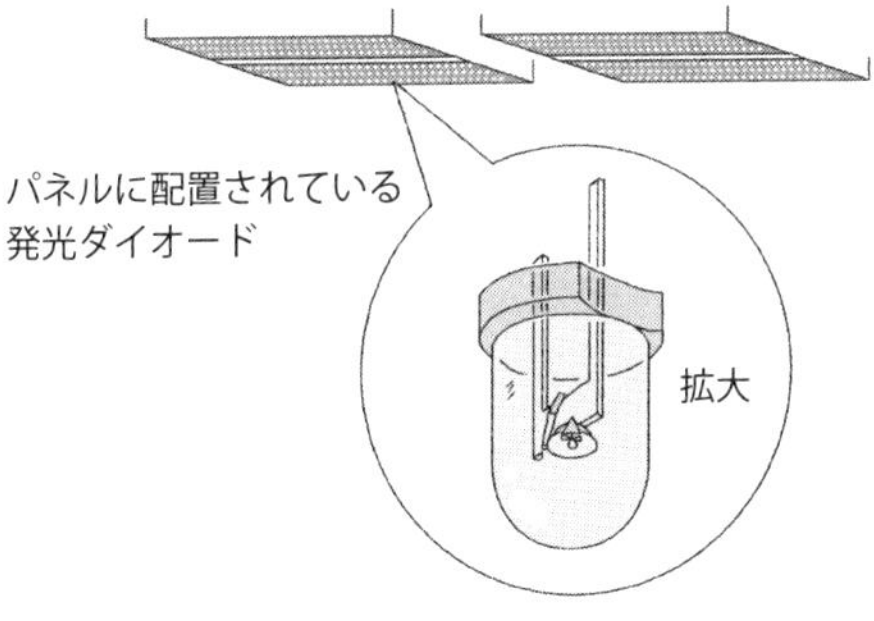

一般的な砲弾型の発光ダイオードは、透明な樹脂性のカバーで覆われており、中に0.3mmほどのLED素子があります。植物工場では、植物の光合成に適した青色光や赤色光だけを選んで照射できる小さな発光ダイオードをいくつもパネル上に配置して、植物が育つために十分な質と量の光を得ています。

発光ダイオードは、赤や青の光の色を選んで照射でき、素子の数を変えて光の量を調整できます。発熱量が少ないので空調のためのエネルギーも節約できます。

38 なぜ、照射する光の色を変えるのか？

光の色が味を変える

発光ダイオードを使う利点の1つは、野菜の成長の時期に合わせて、青色の光を多くしたり、赤色の光を多くしたりすることができることです。**青色光や赤色光が植物に及ぼす影響は植物ごとに異なりますが、形態や食感、味などの違いが生じることが知られています。**

たとえば、レタスでは、赤色光が照射されると、葉が柔らかく、苦みが少なく、甘みが増します。青色光が照射されると、レタスでは、葉っぱが厚く、小さくなるなどの効果が知られています。チンゲンサイでは、葉っぱが大きく育ちます。

また、**赤色光や青色光を照射する割合により、葉っぱの中に含まれる栄養成分が変化することも知られています。**たとえば、リーフレタスでは、青色光を照射されると、葉の先が赤色に色づきます。この赤色は、健康に良いアントシアニンという色素によるものです。

近年では、薬用植物を植物工場で栽培することが試みられています。たとえば、三大民間薬の1つとして知られるゲンノショウコが、赤色光で栽培されると、「下痢止めの薬効があるゲラニインという成分を多く蓄積する」といわれています。

ちなみに、三大民間薬のあとの2つは、ドクダミとセンブリです。ドクダミは利尿剤や傷口の手当てのための薬、センブリは胃腸薬として古くから利用されています。

日本の三大民間薬

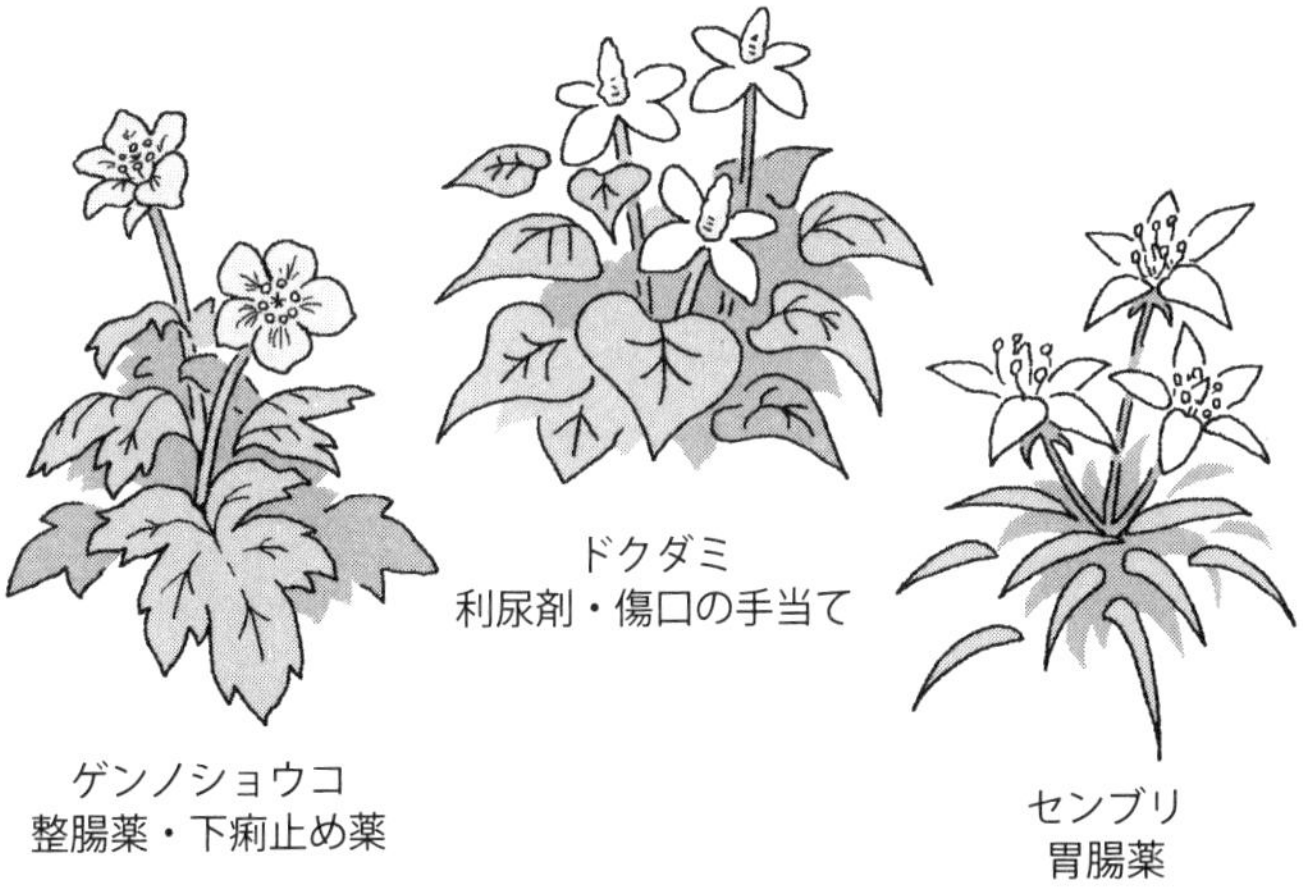

近年では、このような薬用植物を植物工場で栽培し、照射する光の色を変えることで薬効成分の量を高めるための研究が行われています。

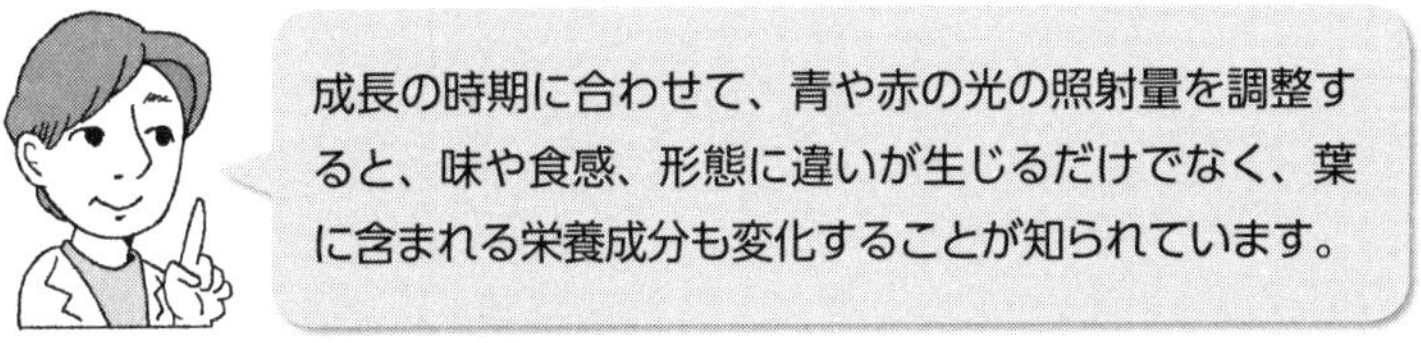

39 なぜ、温度をわざわざ変化させるのか？

光合成と温度の関係

植物工場の中では、光の色や強さだけでなく、温度が調節されています。多くの場合、温度は、一定に保たれています。その理由は、温度が光合成に与える影響から容易に理解できます。

左ページの「光合成速度に及ぼす温度の影響」の図は、横軸が温度、縦軸が植物の光合成の速度を表しています。低い温度から徐々に温度が上がっていくと、光合成の速度も高くなります。しかし、ある温度を超えると、**光合成の速度は下がります。光合成には、最大の速度になるための最適な温度があるのです。**

どの植物にもそれぞれ、温度と光合成にはこのような関係があります。したがって、作物の種類によって最適な生育温度が微妙に異なりますが、最適な温度を維持して光合成の効率を高いレベルに保てば、成長が速いということになります。

しかし、逆に、温度が変化させられることがあります。たとえば、太陽光を利用している太陽光利用型の植物工場の場合です。この栽培では、太陽の光が当たる朝から夕方にかけて温度を上げ、日没に下げるという処理をすることがあります。

光合成ができない真っ暗な夜に温度が高いと、呼吸の速度が上がり光合成の産物が消費されてしまいます。そのため、光合成が行われない真っ暗な中では、温度が下げられるのです。温度が下がることで呼吸の速度を低く保つことができるので、光合成産物の消費を抑えることができます。

植物工場内の1日の温度管理

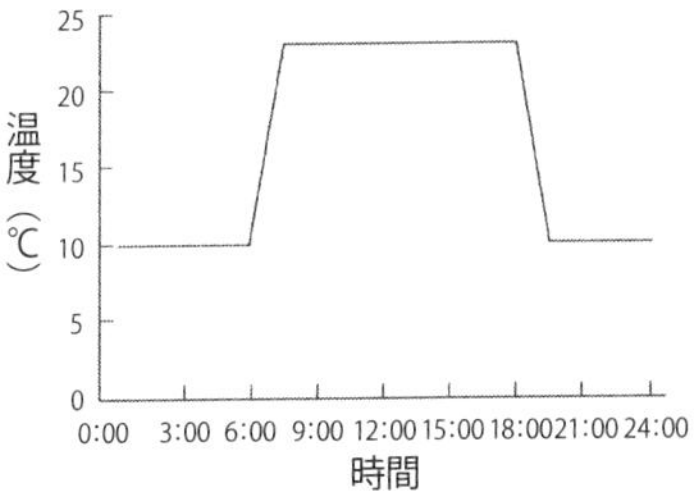

植物は昼も夜も呼吸しており、温度が高くなると呼吸量が高くなります。植物工場では、昼の光合成でできた栄養が呼吸で使われすぎないように、夜間の温度を昼間より下げて呼吸速度を下げることがあります。

光合成速度に及ぼす温度の影響

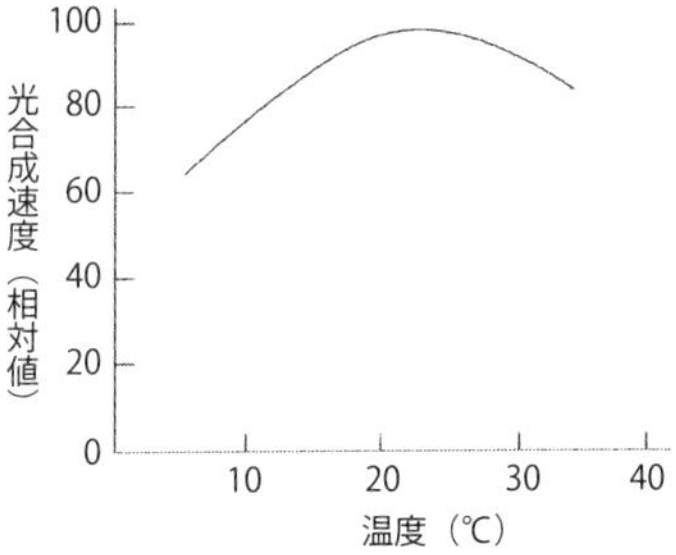

植物が最適な温度条件で栽培された時、光合成速度は最大になり、成長が速くなります。作物の種類によって最適な温度条件が異なるので、作物の種類ごとに温度管理の仕方を変える必要があります。

光合成と温度は密接な関係をもっており、それぞれの作物に最適な温度環境を与えると、成長を早くすることができるのです。

40 なぜ、湿度を調節するのか？

乾燥は光合成の大敵

植物工場の中では、湿度が高く保たれています。細かい霧を発生させて、工場内を高い湿度に保つ装置を備えている工場もあります。**湿度は、野菜の成長に影響するからです**。

⑬「なぜ、太陽の光を使いこなせないのか？」で紹介したように、植物の葉には、二酸化炭素を取り込む気孔が多くあります。気孔は開いたり閉じたりします。**開いている気孔は、二酸化炭素を吸収します**から、いつも開いている方が光合成のためにはいいのです。

ところが、気孔が開いていると、葉っぱの

植物の気孔（模式図）

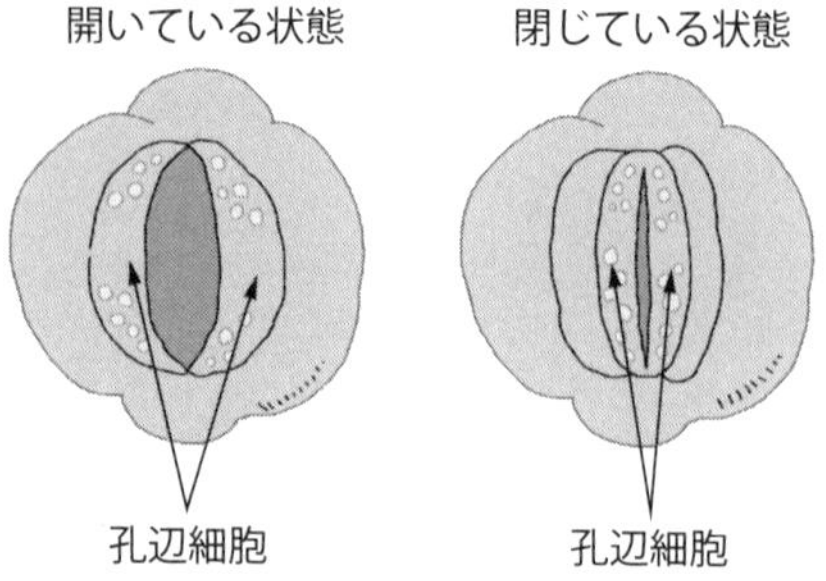

気孔は1対の孔辺細胞からなります。気孔は湿度が高いとき、周辺の細胞から孔辺細胞に水が流れ込み、孔辺細胞は湾曲しながら膨張して気孔が開きます。植物工場では湿度が高く保たれています。作物の気孔を開かせることで、常に二酸化炭素が取り込めるようなれば、光合成が盛んになり、生産量が上がるからです。

水分が水蒸気として発散します。気孔から水分が発散するのは、「蒸散」とよばれます。蒸散は、湿度が低く乾燥しているときに多くおこり、葉っぱの水分が不足しそうになると、気孔は閉じます。気孔が閉じては、二酸化炭素が取り込まれません。そうすると、光合成ができなくなります。

それに対し、高い湿度の場合には、蒸散は少なく、気孔は開いたままになります。すると、多くの二酸化炭素が取り込まれ、光合成が盛んになります。そのため、植物工場では、高い湿度に保たれているのです。

植物の気孔の分布

作物名	表	裏
アルファルファ	169	138
インゲンマメ	40	281
キャベツ	141	227
ゲンノショウコ	13	162
コムギ	43	40
ジャガイモ	51	161
ソラマメ	101	216
トウモロコシ	67	109
ドクダミ	0	84
トマト	96	203
ハコベ	18	22
ヒマワリ	101	218
ヨモギ	13	56
レンゲソウ	197	144

気孔の分布は植物の種類や、葉の表と裏で異なります。多くの植物において、葉の表より裏側の方に、よりたくさんの気孔が分布しています。

高湿度の時、植物は気孔を開いて二酸化炭素を吸収し、盛んに光合成をします。低湿度では気孔を閉じるので、二酸化炭素を吸収できず、光合成ができなくなります。

41 なぜ、二酸化炭素を与えるのか？

光合成の材料不足の防止

植物工場では、植物に照射される光の色や強さ、室内の温度や湿度が成長に最適になるように保たれています。それだけでなく、光合成の材料となる二酸化炭素が与えられて、その濃度も調節されているのです。

植物工場にも空気はあるのに、「なぜ、二酸化炭素をわざわざ与えなければならないのか」との疑問が浮かぶかもしれません。しかし、⑬「なぜ、太陽の光を使いこなせないのか？」で紹介したように、**植物の光合成のためには、空気中の二酸化炭素の濃度は不足しているのです。**

しかも、多くの植物工場の中では、植物は、24時間連続で光を照射されており、光合成を続けています。**光や温度、湿度などが光合成に最適な条件に調整されて、多くの植物が光合成をしているため、空気が入れ替わっているとしても、二酸化炭素は不足しがちになるのです。**

空気中の二酸化炭素濃度は０・０４％であり、この濃度そのものがそもそも、光合成には不足なのです。ですから、この濃度を高めることは、光合成の速度を上げるのに役立ちます。

どの程度高めるかは、栽培する植物の種類や植物工場の設備にもよります。ふつうは2～3倍程度高めることで、光合成速度を高め、栽培される植物の成長を促しています。

二酸化炭素濃度が光合成に与える影響

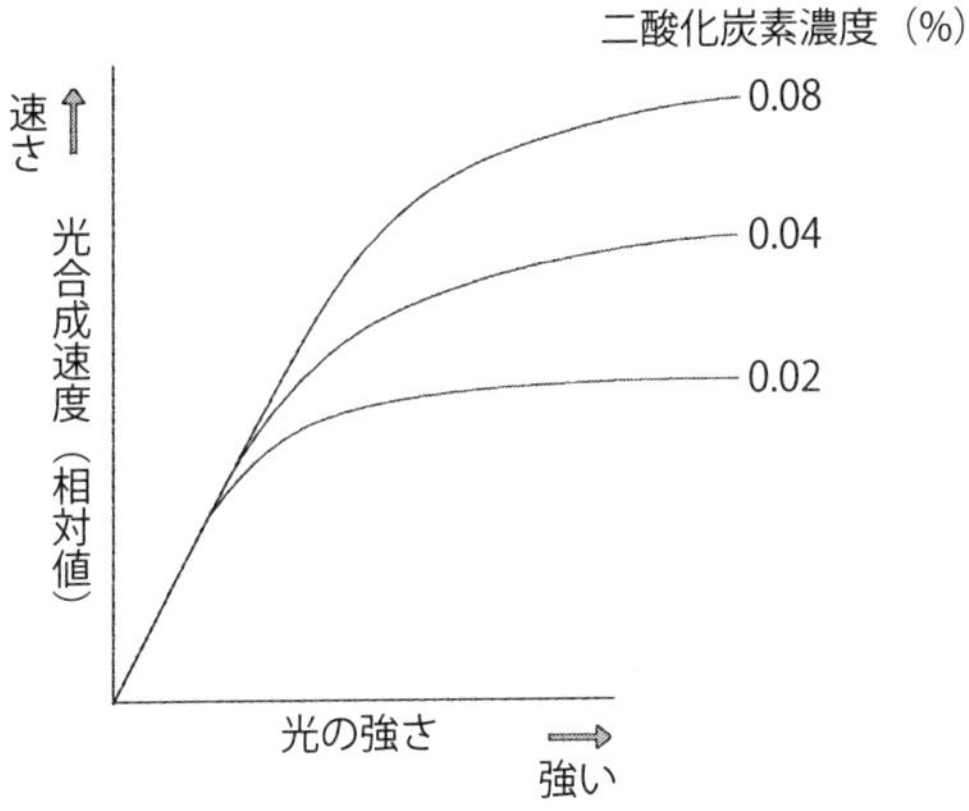

二酸化炭素の濃度を高くすると光合成速度が高くなるので植物の成長が促進されます。しかし、空気中の二酸化炭素の濃度（0.04%）は植物にとって十分ではありません。弱い光の下では、いくら二酸化炭素を高濃度に与えられても、成長は促進されません。それは、光が不足しているために光合成が満足に行えないからです。

光合成のためには空気中の二酸化炭素は不足しています。二酸化炭素を与えることで自然の状態よりも光合成速度を高め、植物の成長を促すことができます。

42 なぜ、水耕栽培なのか？

必要な養分だけを持つ野菜

植物工場では、「水耕栽培」という方法が使われ、植物の根を、土の代わりに、水耕液とよばれる液の中に浸した状態で栽培します。**土を使わないので、病気にかかりにくく、除草の手間が省け、連作障害の心配をしなくていい**という利点があります。

水耕液には生育に必要な養分が入っており、その**養分の濃度は簡単に調整できます**。また、**水耕液は酸性度も、容易に調整することができます**。土壌の酸性度が植物の成長に影響を持つことは、④「なぜ、石灰をまくのか？」で紹介した通りです。また、土を使うと、土に含まれる必要のない物質を簡単に除くことはできませんが、水耕液は、**必要な養分だけを必要な濃度で含ませることができます**。この利点は、ある特別な性質を持つ植物をつくることに役立ちます。

たとえば、レタスやホウレンソウに含まれるカリウムを少なくすることが望まれる場合があります。ふつうの野菜にはカリウムが多く含まれているため、腎臓の機能が低下した人たちが食べると、血液中のカリウムの濃度が高くなりすぎて不整脈をおこす可能性が高くなります。そのため、野菜を食べ過ぎないように制限されています。そこで、カリウムの濃度を下げた水耕液でレタスを育てるのです。

水耕栽培システムの模式図

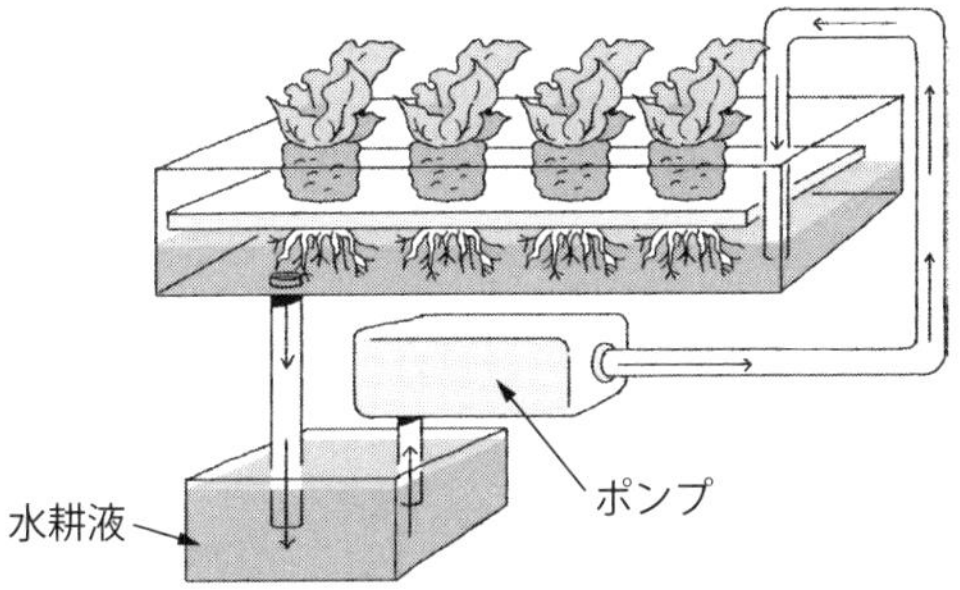

水耕栽培では、図のように水耕液をためる方法と、斜面を作って培養液を浅い水深になるように流す方法が主に採用されています。これらの方法では水耕液が循環して使用されています。水耕液の成分は、作物に吸収された分を補えるように、常に管理されています。

水耕液に含まれる主な肥料成分の例

肥料成分	山崎処方（1000L当たり）		
	トマト	イチゴ	レタス
硫酸マグネシウム	246 g	120 g	123 g
硝酸カルシウム	354 g	240 g	236 g
硝酸カリウム	404 g	300 g	404 g
リン酸二水素アンモニウム	76 g	60 g	57 g

日本で使用されている主な水耕液は園試処方と山崎処方とよばれるものです。ここで示した山崎処方では、作物別に肥料成分のバランスを変えて作成されます。水耕栽培では簡単に肥料成分を調整できるので、ふつうの栽培では作るのが難しい低カリウム野菜も、カリウムを含む肥料成分を減らすことで作ることができます。

水耕栽培には土を使わないことによる利点がいくつもあり、養分濃度や酸性度を調整したり、必要な養分だけを植物に含有させたりすることができます。

43 なぜ、年に20回以上収穫できるのか？

一定のサイクルが実現させる28期作

植物工場で栽培される代表的な野菜は、レタスです。1年に20期作とか、28期作とかいわれます。20期作といえば、同じ場所でレタスが20回収穫できることであり、28期作なら、28回収穫できるということです。

すでに紹介してきたように、植物工場の中では、1日24時間、連続的に照明して、照射する光の色や強さ、温度や湿度が光合成にとって最適に保たれ、水耕液の酸性度や肥料の濃度が調節され、野菜が栽培されています。それでも、1年間に20回以上も収穫できるとはすごいことです。一体、どのように栽培されているのでしょうか。

植物工場でのレタスの栽培は、**3期に分けられます**。**1期目は、タネをまいて発芽させる過程**です。発芽してから小さな葉が出るまでは、4〜6日間です。

2期目は、発芽した芽生えを育て定植《ていしょく》する過程です。定植というのは、成長した芽生えを栽培する場所に植えることです。芽生えを2〜3週間育て、本格的な栽培に入る苗を育てます。

3期目は、定植された苗が栽培する棚に移されて、収穫するまでの過程です。1年に20期作の場合は、約18日間栽培されます。年間28期作といわれる場合は、育苗のあと、約13日間栽培されます。そのあと、成長したレタスが収穫されて出荷されることになります。

植物工場での栽培サイクル

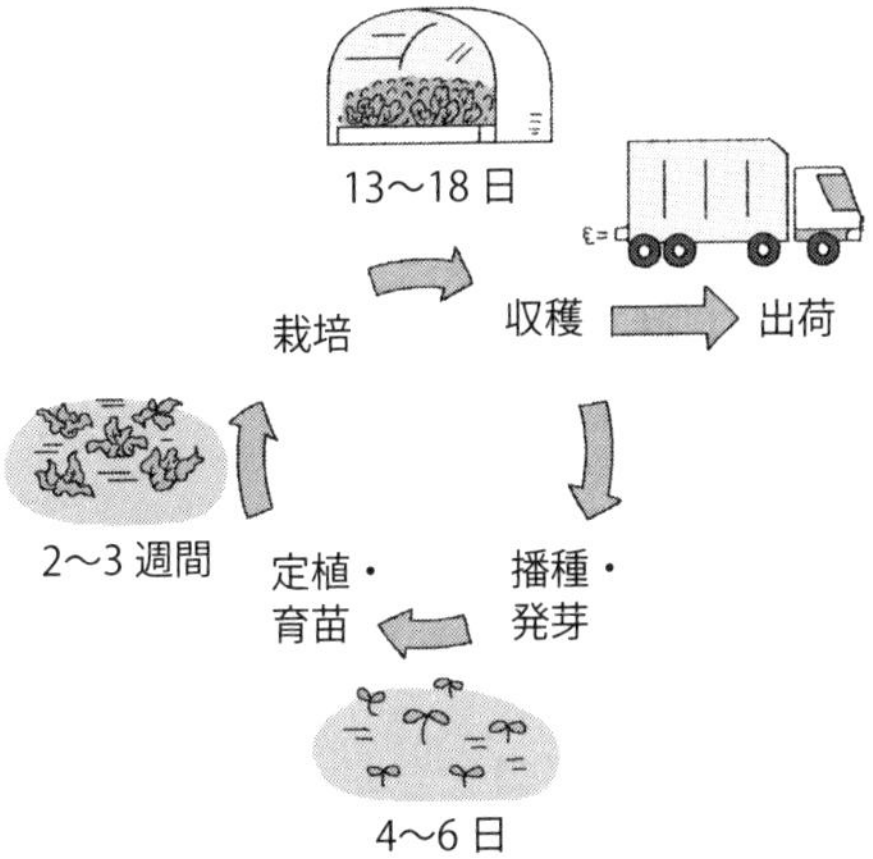

植物工場でのレタスの栽培は、1期目の播種《はしゅ》から発芽、2期目の定植と育苗、3期目の栽培から収穫までに分けられます。2期目で育てられた苗は植物工場に運ばれ、栽培されます。3期目の栽培期間を18日にすると1年に20期作、13日にすると28期作にすることができます。

植物工場におけるレタスの栽培は、「播種から発芽→定植と育苗→栽培から収穫」の3期に分けて行われています。

コラム 4

なぜ、日本で水耕栽培がされるようになったのか？

水耕栽培で植物を育てる方法は、19世紀のドイツの植物生理学者ザックスにより開発されました。日本で、野菜がこの方法で栽培されるようになったのは、戦後まもなくの昭和20年代の初めです。

当時の日本の野菜栽培は畑で行われ、肥料として、主に「下肥《しもごえ》」といわれる人間の糞尿が用いられていました。しかし、戦後、日本に駐留することになったアメリカ人には、野菜をサラダとして生で食べる習慣があったため、糞尿を肥料として栽培された野菜は敬遠されました。

そこで、水耕栽培で衛生的な野菜を育てるための大規模な農場が、滋賀県の大津市に、続いて、東京都の調布市につくられました。大津市では、琵琶湖の水をろ過して使い、トマト、キュウリ、セロリ、レタス、ピーマンなどがつくられたとの記録が残っています。

第5章

宇宙ステーションでの栽培のふしぎ

～なぜ、宇宙で植物を育てるのか？～

44 なぜ、宇宙にタネを持って行ったのか？

未知の環境でどうなるか

1946年から現在に至るまで、多くの植物のタネが宇宙船に積み込まれ、宇宙へ運ばれました。地球上とは違って、宇宙という環境の中に置かれたタネが、どのように性質を変化させるかに興味がもたれたのです。

宇宙という環境の特徴の1つは、温度の変化が激しいことです。地球上の温度変化は、57～マイナス93度の範囲ですが、宇宙では、地球周辺の軌道上にある人工衛星などの表面は120～マイナス150度です。このような激しい温度の変化に出会えば、タネはどうなるだろうかと考えられたのです。

2つ目の特徴は、放射線の量が多いことです。放射線は、突然変異をおこさせる作用があります。地球上でも少量の放射線は当たりますが、宇宙では、桁違いに強く当たります。たくさんの放射線に当たるとタネはどのようになるのかと考えられたのです。

そこで、宇宙という環境に数十日間、あるいは、数か月間、さらされて持ち帰られたあと、宇宙に運ばれなかったタネと比較して、宇宙に行っていたタネにどんな変化がおこっているかが調べられました。

宇宙環境を経験したタネは、発芽したあとの成長が少し早いとか、葉に斑《ふ》の入るものの割合が少し多いなどの結果がありました。そこで、そのあと、タネが発芽したあとの芽生えの成長が、調べられていくことになります。

宇宙種子実験

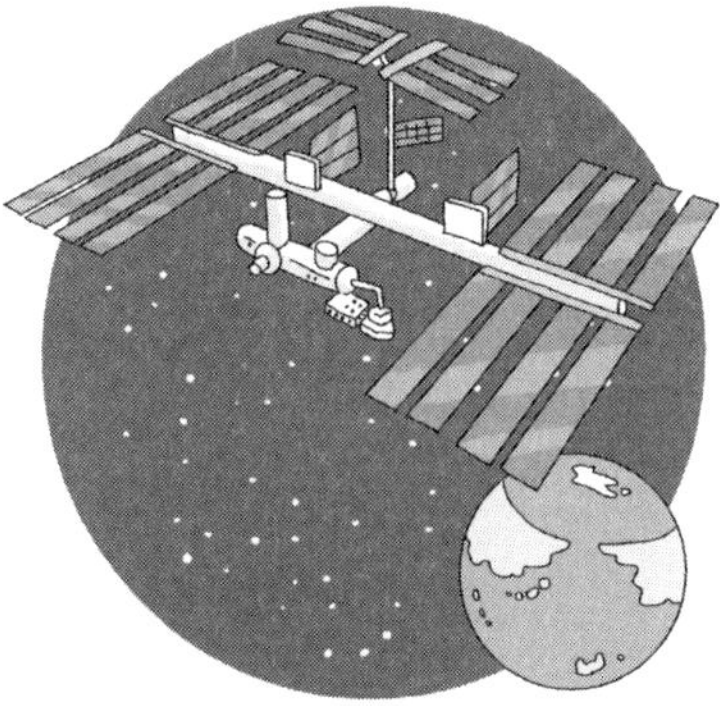

宇宙航空研究開発機構(JAXA)は国際宇宙ステーションで保管されていたアサガオのタネを持ち帰り、宇宙の放射線が当たり続けたときの遺伝子の変化（突然変異）を調べています。花や葉の色や形、背の高さなどが変化したアサガオが見つかれば、今後調べられることになるでしょう。

写真提供：九州大学 仁田坂英二

宇宙に持って行き、地球上より、温度変化が大きく、放射線量が多い未知の環境におくことで、タネがどのような変化を遂げるのかを調べていくのです。

45 なぜ、無重力でも育つのか？

発芽は3つの条件が揃えばいい

２００９年、国際宇宙ステーションの中で、シロイヌナズナという植物が栽培されました。シロイヌナズナのタネは、土の代わりに「ロックウール」に固定され、水が与えられました。ロックウールというのは、岩石を加工して、水を含むようにしたものです。３日ほど経つと発芽し、根はロックウールの中に張り、芽生えの茎は上に伸び、葉を展開させながら成長をはじめました。

ここで、「なぜ、無重力でも、タネは発芽するのか」という疑問が浮かぶでしょう。タネが発芽するためには、「適度な温度、水、空気（酸素）」の３条件が必要です。宇宙でも、これらの３条件を整えることにより、タネは発芽できるのです。

タネが発芽すると、芽生えは成長をはじめます。ここでは、「無重力では、どのように芽生えが育つのか」との疑問が浮かびます。発芽したあと、無重力のもとで成長をはじめた芽生えは、重力のある場所で育てた場合より細く早く伸長します。また、葉の緑色が長く維持され、老化が抑制されます。

この違いには、エチレンとよばれる物質がかかわっています。エチレンとは、植物の成長を調整する物質の1つで、茎を肥大させ、葉の老化などを促進する物質です。

地上では、植物は重力に負けまいとエチレンを発生させることで、茎を太くし、体を支えながら成長します。ところが、無重力のもとでは、エチレンの発生量は減少し、その結果として、茎は細く早く伸長し、葉の老化も抑制されるのです。

栽培の模式図

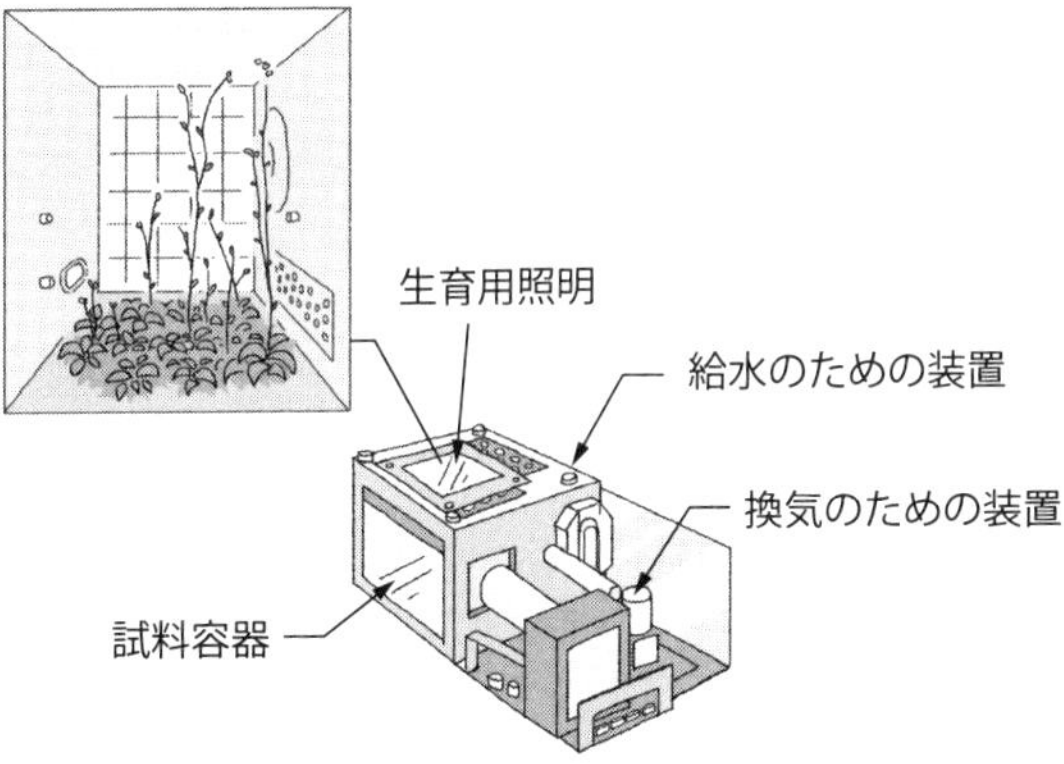

日本で用いられている植物用の実験装置は、シロイヌナズナという小さなアブラナ科の植物の実験をするために開発されたものです。小型ですが、照明は発光ダイオードで、水やりや湿度の調整は全自動で適切な環境が整えられます。正に宇宙の植物工場です。

「適度な温度」「水」「空気」の3条件を揃えると、無重力空間の宇宙でも、重力のある地球と同様にタネを発芽させることができます。

46 なぜ、芽と根は上下に伸びるのか？

重力だけでない伸びる理由

地球上では、タネが発芽すると、芽は上に向かって伸び、根は下に向かって伸びます。これは、「重力」に反応しているのです。重力は、地球が物を引きつける力です。芽は、重力と反対の方向に向かって伸びる性質があります。反対に、根には、重力の方向に向かって伸びる性質があります。

では、重力のない宇宙では、芽や根は、どのように伸びるのでしょうか。重力のない国際宇宙ステーションにある日本の実験棟「きぼう」の中で、シロイヌナズナのタネは発芽し、水を保持しているロックウールに根を張って成長しました。宇宙でも、芽は上に伸び、根は下に伸びたのです。

ということは、植物は無重力でも、芽は上に、根は下に伸びるのです。地球上では、重力に反応しているのですから、重力のない宇宙では、どうして、芽は上に、根は下に伸びるのでしょうか。

地球上での芽と根

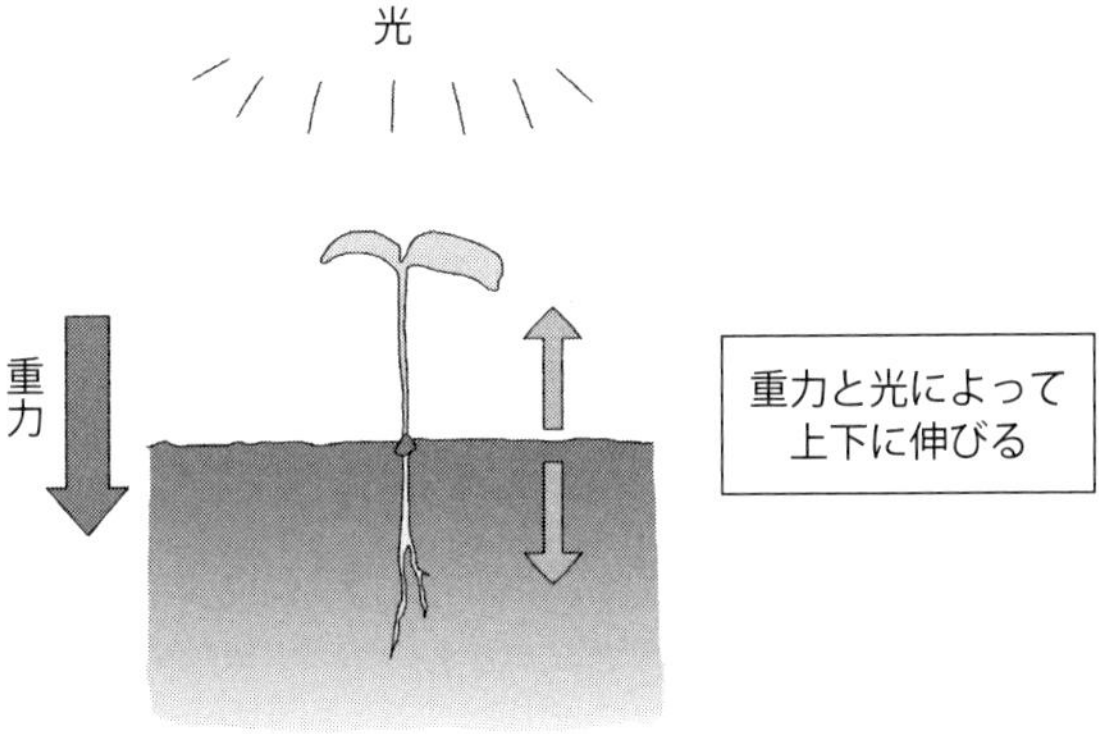

地球上で、植物は重力と反対方向に茎を伸ばし、重力と同じ方向に根を伸ばします。また、茎は光に向かって伸びます。

宇宙での芽と根

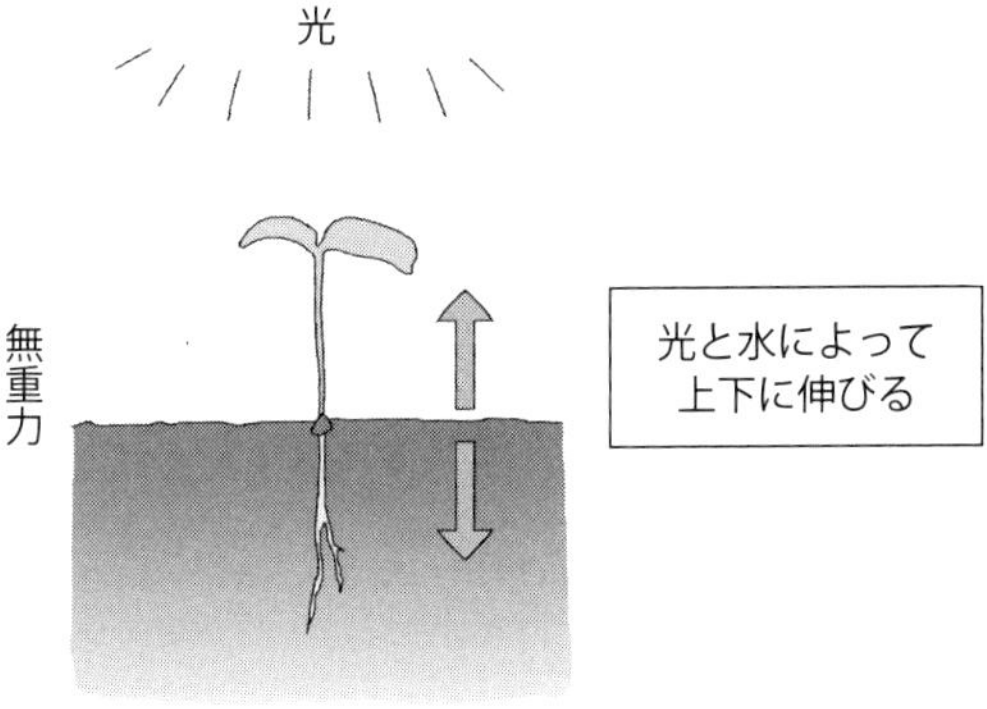

重力のない宇宙では、芽は光が上から照射されているので上に向かいます。根が芽と反対に向かったのは、根には光と反対に向かう性質と下のロックウールに含まれている水分に向かう性質があるからです。

国際宇宙ステーションの中のシロイヌナズナの栽培では、発光ダイオードがロックウールの上に置かれたタネに向かって照射されています。芽生えがロックウールと反対側に向かって伸長したのは、芽が光に向かって伸びる「光屈性《ひかりくっせい》」という性質によるものです。

地球上でも、芽はこの性質で上に伸びます。しかし、上に光がない真っ暗の中でも、芽は上に伸びます。これは、植物には、重力と反対の方向に向かって伸びる性質があるためです。

地球上では、重力と反対の方向に向かって伸びる性質と、光に向かって伸びるという性質の両方により、芽は上に伸びているのです。ですから、重力のない宇宙であっても、光が上から当たれば、光屈性という性質により芽は上に伸びます。

一方、根が下に伸びるのは、光が来る方向と反対の方向に向かって伸びるという性質によるものですが、根にはもう1つの重要な性質も加わって下に向かっていきます。それは「水分屈性《すいぶんくっせい》」とよばれる、根が水分のある方向に向かって伸びる性質です。この性質があるため、根は、ロックウールに含まれている水分に向かって伸びたのです。

地球上では、根は重力に向かって伸びる、「重力屈性《じゅうりょくくっせい》」という性質があるので、水分の方に向かって伸びるという性質は見えにくいのです。

屈性の説明

刺激	性質	屈性が見られる部位	
光	光屈性	茎	正
		根	負
重力	重力屈性	茎	負
		根	正
水	水分屈性	根	正
接触	接触屈性	つる	正
化学物質	化学屈性	花粉管	正

屈性は刺激に対して方向性をもって反応する性質のことをいい、刺激に向かう場合は正、反対側に向かう場合は負と表現されます。たとえば、アサガオのつるは触れたものに巻き付きますが、これは「正の接触屈性」によるものです。

地球上では重力に反応し、芽は上に、根は下に向かって伸びます。対して、無重力下の宇宙でも同様に伸びますが、光と水のある方向に反応して伸びるのです。

47 なぜ、レタスが育つのか？

光合成の材料調達

宇宙ステーションの中で、植物は発芽します。発芽したあと、植物が成長するためには、光合成をしなければなりません。光合成には、光、水、二酸化炭素が必要です。㊺「なぜ、無重力でも育つのか」の項でも紹介した通り、光と水は供給されます。

では、二酸化炭素はどうでしょうか。地球上の空気には、二酸化炭素が0・04％含まれています。国際宇宙ステーションにはガスタンクが設置され、室内の酸素と窒素の濃度が地球と同じくらいになるように調節されています。

一方、二酸化炭素については、わざわざ室内に供給されません。乗組員の呼吸により二酸化炭素が発生します。ですから、そのままだと供給しなくても、二酸化炭素は高い濃度になります。そこで、乗組員が二酸化炭素中毒にならないよう、二酸化炭素を除去する装置が設置されています。二酸化炭素の濃度は上昇しないように管理されているのです。

二酸化炭素を除去する装置を設置しても、国際宇宙ステーション内の二酸化炭素濃度は約

宇宙ステーションでの窒素、酸素、二酸化炭素の供給

宇宙ステーションの中にはガスタンクが設置されていて、窒素と酸素は地球上の空気と同じぐらいの割合になるように調整して供給されているが、二酸化炭素は乗組員の呼吸によって発生している。

0・45％で維持されていて、地球よりもかなり高い濃度です。㊶「なぜ、二酸化炭素を与えるのか？」で紹介したように、地球で育っている植物では、二酸化炭素が不足しているのですが、国際宇宙ステーションではその悩みはありません。

国際宇宙ステーションの中で、レタスが育てられました。2015年8月に、滞在中であった宇宙飛行士の油井亀美也さんから、栽培したレタスを試食する映像が送られてきました。このときは、青色、緑色、赤色の発光ダイオードを光源とし、適切な養分を含んだ液が植物に与えられました。

室内の空気の温度は22〜28℃、湿度は30〜50％で調節されていました。湿度はかなり低く、植物にとって乾燥した条件です。そのため、第4章の「なぜ、湿度を調節するのか？」で紹介したように、植物は、気孔を大きく開いて、光合成の材料である二酸化炭素を取り込めなかったかもしれません。

しかし、前の項で紹介したように、二酸化炭素の濃度は約0・45％と高く維持されています。そのため、気孔は大きく開いていなくても、二酸化炭素は吸収されたのです。

宇宙で栽培され、初めて食べられる野菜として、レタスが選ばれました。第4章の「なぜ、年に20回以上収穫できるのか？」で紹介したように、レタスは、植物工場で栽培される代表的な野菜です。ということは、植物工場のような環境を整えれば、宇宙ステーションの中でレタスは育つのです。そのため、レタスが選ばれたのでしょう。

地球上の空気に含まれる物質の割合

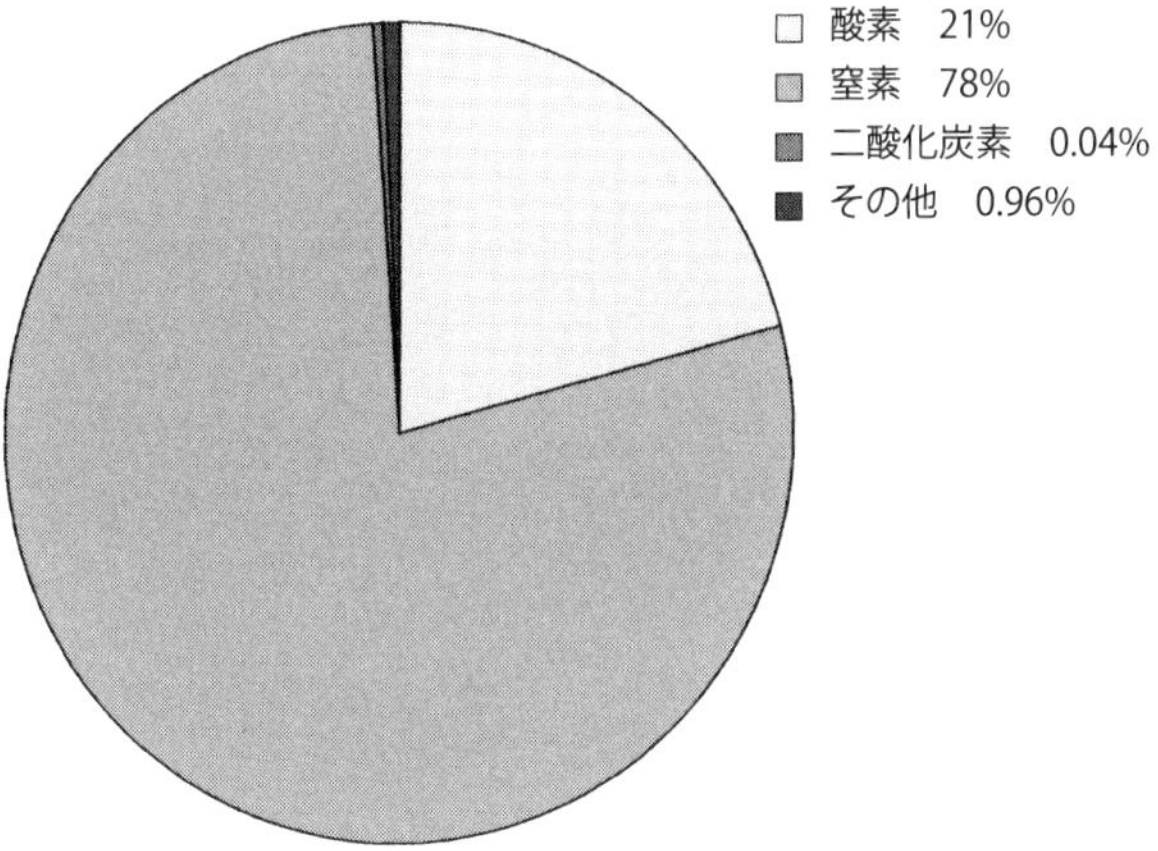

光合成をするための材料である、窒素と酸素はガスタンクから供給されていますが、二酸化炭素は乗組員の呼吸で放出されたものが材料となっているのです。

48 なぜ、緑色光が使われるのか？

植物の色の効果

国際宇宙ステーションでレタスを栽培する際の光には、青色光と赤色光のほかに緑色光の発光ダイオードが使われています。光合成には、青色光と赤色光が有効で、緑色光はあまり役に立たないことは、㊱「なぜ、青色光と赤色光を照射するのか？」で紹介しました。ですから、照射する必要がない緑色光が、「なぜ、使われているのか」と不思議です。

しかし、光合成に有効な青色光と赤色光だけが照射されると、2つの光の色が混じり、紫色の光になります。すると、栽培されているレタ

三色の光を混ぜた時の光の色

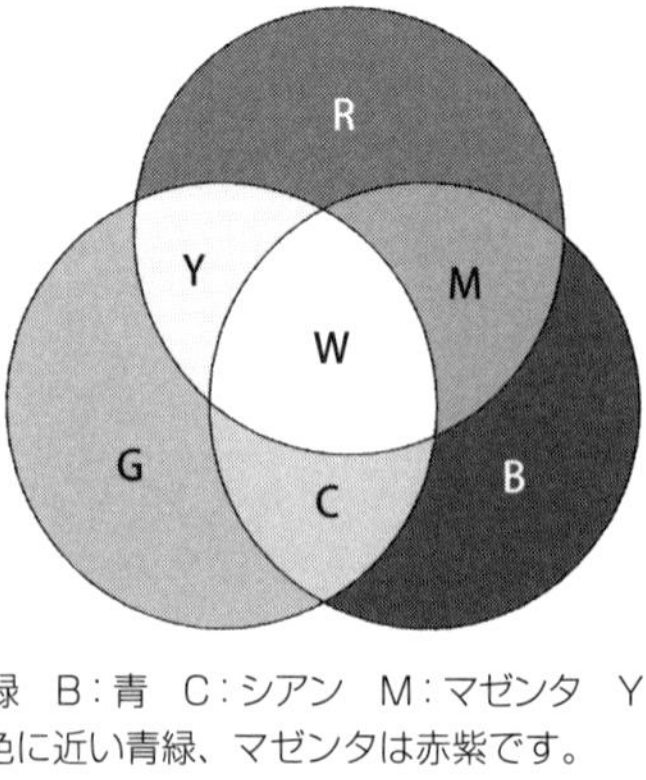

R：赤　G：緑　B：青　C：シアン　M：マゼンタ　Y：黄　W：白
シアンは水色に近い青緑、マゼンタは赤紫です。
赤、青、緑の光が合わさることでほとんどの色の光をつくることができ、たくさんの色の光が合わさると白になります。

スの葉は緑色には見えません。そのため、緑色の新鮮なレタスには見えず、おいしいレタスに感じられません。そこで、青色光と赤色光に緑色光を混ぜると、光は白色光に見え、栽培中のレタスは、きれいな緑色に見えます。だから、緑色光が照射されるのです。

植物の緑色には、癒しの効果があります。宇宙では狭い居住空間に長期間滞在するので、乗組員のストレスがたまりがちです。そうなると、乗組員は能力を発揮できず、作業の質と量が落ちます。将来、宇宙での滞在はますます長期化すると予想されていることとから、植物の癒しの効果は重要なものになると考えられているのです。

植物のそばで癒される宇宙飛行士

宇宙の仕事では、狭い居住空間の中で長期間滞在することになるので、精神的なストレスがたまってしまいます。宇宙で植物を育てるのは、食料を確保するための他に、癒しの効果が期待されているからです。

光合成を促し、植物の成長を促進するには赤色光や青色光が良いのですが、植物のきれいな緑色による、癒しの効果を得るために緑色光も照射しているのです。

49 なぜ、花が咲くのか？

ツボミをつけるための条件

２０１６年1月、国際宇宙ステーションで、ある植物がタネから育ち花を咲かせたことが、アメリカの宇宙飛行士スコット・ケリーさんからツイッターで報告されてきました。国際宇宙ステーションから送られてきた写真には、一輪のオレンジ色の花が写っていました。

これは、キク科の一年草で、メキシコを中心に南北アメリカを原産地とするヒャクニチソウの花です。この植物は、夏の暑さや乾燥に強いため、日本では、夏から咲きはじめた花は、秋まで長期間にわたって咲き続けます。そのため、花壇やプランターで栽培され、切り花としても重宝されます。

ヒャクニチソウの花は、宇宙で初めて花を咲かせた植物と話題になりました。しかし、残念ながら、これは宇宙で咲いた最初の花ではありません。宇宙で最初に咲いた花は、シロイヌナズナという植物の花です。

１９８３年、当時ソビエトだったロシアの宇宙ステーションの中で、「シロイヌナズナのタネをまいて育て、花を咲かせてタネまで得た」という論文が発表されています。その後、コムギやアブラナ属植物でも同様の報告がされています。

ヒャクニチソウは、㉜「なぜ、ビニールハウスの中を電灯で照明するのか?」で紹介したキクやシソと同じように、長い夜に反応してツボミをつくり、花を咲かせる植物です。ですから、国際宇宙ステーションでも、長い夜が与えられながら栽培されていたはずです。それにより、花芽が形成され、それがやがてツボミとなり、花を咲かせたのです。

宇宙で開花したヒャクニチソウ

宇宙で咲いたヒャクニチソウからはタネが採れました。無重力の宇宙でも植物を育て、タネとして増やせる可能性が示されたのです。このことは、宇宙で作物を栽培して増やしながら食料を生産できることを意味します。

地球と環境が異なる宇宙でも、その植物がツボミをつけて花を咲かせるための条件を満たす環境を人工的に作り出すと、花を咲かせることができるのです。

50 なぜ、宇宙で植物を育てるのか？

宇宙でサラダが食べられる日

国際宇宙ステーションで植物が栽培される学術的な目的は、植物の成長の仕組みをよりよく理解することがあります。国際宇宙ステーションでは無重力であり、重力の影響を受けない植物の性質がわかります。

たとえば、㊻「なぜ、芽と根は上下に伸びるのか？」で紹介したように、根が水分に向かって伸びていくという性質がはっきりわかります。また、芽生えの茎が地球上の場合より細くなることから、茎が太くなることに重力が関与していることなどが考えられます。

このような学術的なものとは別に、実用的な目的もあります。2015年8月、栽培されて収穫されたレタスが試食されました。2016年1月には、ヒャクニチソウの花が咲きました。とすると、次に何がなされるかを想像してください。

国際宇宙ステーションの中には、赤色、緑色、青色の発光ダイオードの光を照射する装置を備えた植物を栽培する設備がととのっています。それを使って、レタスが収穫され、ヒャクニチソウの花が咲くなら、そのあと、食べられる果実をつくろうということになります。トマトやイチゴなどがつくられるはずです。

宇宙船の中で植物を育てる試みの目的は、将来の長期的な宇宙飛行で必要になる野菜の生産を目指しているのです。宇宙船の中に滞在中に必要な野菜を積み込んでいくのは、かさばりますし、また、重さが重くなり、地球から持ち込みづらくなります。宇宙船内で栽培ができれば、新鮮な野菜の供給に役立ちます。

「真っ赤なトマトが実った」とか、「宇宙育ちのイチゴは甘い」などという知らせが宇宙から届く日は、そんなに遠くないかもしれません。

宇宙で植物を栽培していくことで、成長の仕組みを知ることができるだけでなく、いつか宇宙ステーションで食べる植物を自給することができる日が来るかもしれません。

コラム 5 なぜ、火星で作物を栽培するための実験を地球でできるのか？

2016年6月に、オランダの研究者が「〝火星の土〟で農作物を栽培できる」という内容の論文を発表しました。「どのようにして、火星の土を入手したのか」と、「何のために、そのようなことをするのか」との疑問がもたれました。

〝火星の土〟として、ハワイ島の火山の土が使われました。ここの土が火星の土とよく似ていることが、アメリカ航空宇宙局から火星に送られた探査機の分析結果によって知られていたからです。

この土には、カドミウム、銅や鉛など人間の健康に有害な重金属が含まれています。そこで、そのような土壌でも、農作物が栽培でき、その作物に、人間の健康に有害な重金属がどのくらい含まれるかが調べられたのです。今回の発表では、「栽培された農作物に含まれる量は、危険なレベルではなかった」とされています。

参考文献

Halstead TW & Dutcher FR Plants in Space. Annual Review of Plant Physiology 38：317-345　1987

Harvey B & Zakutnyaya O Russian Space Probes：Scientific Discoveries and Future Missions. Praxis Publishing　2011

Musgrave ME & Kuang A Plant reproductive development during spaceflight. Advances in Space Biology and Medicine 9：1-23　2003

Stutte GW, Monje O, Wheeler RM A Researcher's Guide to：Plant Science. the NASA ISS Program Science Office　2016

Wamelink GWW, Frissel JY, Krijnen WHJ, Verwoert MR, Goedhart PW（2014）Can plants grow on Mars and the moon：A growth experiment on Mars and moon soil simulants. PLOS ONE 9（8）：e103138.

古在豊樹監修「図解でよくわかる植物工場のきほん」誠文堂新光社　二〇一四

高橋　英一「自然の中の植物たち」研究社　一九八六

田中修「入門たのしい植物学」講談社　ブルーバックス　二〇〇七

田中修「雑草のはなし」中公新書　二〇〇七

田中修「葉っぱのふしぎ」ソフトバンク　クリエイティブ　サイエンス・アイ新書　二〇〇八

田中修「植物はすごい」中公新書　二〇一二

田中修「植物はすごい　七不思議篇」中公新書　二〇一五

田中修「植物学『超』入門」ソフトバンク　クリエイティブ　サイエンス・アイ新書二〇一六

田中修「ありがたい植物」幻冬舎新書　二〇一六

増田芳雄「植物生理学」培風館　一九八八

宮地重遠編集「光合成」朝倉書店　一九九二

「植物工場生産システムと流通技術の最前線」エヌ・ティー・エス　二〇一三

植物索引

用語索引

〈著者紹介〉

田中 修（たなか おさむ）

1947年、京都府生まれ。京都大学農学部卒業、同大学院博士課程修了。スミソニアン研究所（アメリカ）博士研究員、甲南大学理工学部教授などを経て、現在、甲南大学特別客員教授。農学博士。夏休みのNHKラジオ「子ども科学電話相談」の回答者を務める。著書に、「ありがたい植物」「植物のあっぱれな生き方」（以上、幻冬舎新書）「植物はすごい　七不思議篇」「植物はすごい」「雑草のはなし」「ふしぎの植物学」（以上、中公新書）、「植物は命がけ」（中公文庫）、「植物は人類最強の相棒である」（PHP新書）、「植物学『超』入門」「タネの不思議」「花の不思議100」「葉っぱの不思議」（以上、サイエンス・アイ新書）、「フルーツひとつばなし」（講談社現代新書）などがある。

高橋 亘（たかはし わたる）

1973年、神奈川県生まれ。

甲南大学理学部卒業、同大学院修士課程修了。（一社）日本草地畜産種子協会飼料作物研究所研究員を経て、現在、（国研）農業・食品産業技術総合研究機構　畜産研究部門　上級研究員。博士（理学）。夏休みのNHKラジオ「子ども科学電話相談」の回答者を務める。専門はバイオテクノロジーを利用した飼料作物の品種育成。

知って納得！ 植物栽培のふしぎ

なぜ、そうなるの？ そうするの？

NDC 610

2017年4月20日　初版1刷発行

定価はカバーに表示されております。

©著　者　田中　修
　　　　　高橋　亘
発行者　井水治博
発行所　日刊工業新聞社

〒103-8548　東京都中央区日本橋小網町14-1
電話　書籍編集部　03-5644-7490
　　　販売・管理部　03-5644-7410
　　　FAX　03-5644-7400
振替口座　00190-2-186076
URL　http://pub.nikkan.co.jp/
email　info@media.nikkan.co.jp

印刷・製本　新日本印刷

落丁・乱丁本はお取り替えいたします。　2017　Printed in Japan

ISBN 978-4-526-07708-1　C3034